Die Wassersperrarbeiten bei Bohrungen auf Erdöl

Von

B. Schweiger

Bohringenieur

Mit 53 Textabbildungen

Berlin

Verlag von Julius Springer

1927

ISBN-13: 978-3-642-90387-8   e-ISBN-13: 978-3-642-92244-2
DOI: 10.1007/ 978-3-642-92244-2

Vorwort.

Über Wassersperrarbeiten bei Erdölbohrungen findet man in der europäischen bohrtechnischen Literatur nur wenig. Gewöhnlich wird das Wassersperren nebenbei in Beschreibungen über Tiefbohren behandelt.

In der nordamerikanischen Erdölliteratur dagegen hat die Frage des Wassersperrens die nötige Beachtung und Würdigung gefunden, was ja auch begreiflich ist, wenn man die große Anzahl von Erdölbohrungen in Betracht zieht, die dort niedergebracht wurden und immer noch werden. Aber auch dort gibt es bis jetzt kein gründliches Speziallehrbuch über Wassersperren, meistens findet man nur in einzelnen Heften der Veröffentlichungen des „U. S. Bureau of Mines" Abhandlungen über ausgeführte Sperrarbeiten.

Mit dem vorliegenden Buche habe ich nun den Versuch unternommen, durch genaue Beschreibung, unter systematischer Einteilung, kritischer Beleuchtung und Beifügung erläuternder Abbildungen aller zur Zeit bekannten brauchbaren Sperrmethoden, besonders dem Praktiker ein Nachschlagewerk zu geben und ihm gleichzeitig zu zeigen, wie er die Wassersperren ausführen soll, um sich weitgehendst vor Mißerfolgen zu schützen.

Beim Niederschreiben wurden hauptsächlich die Ergebnisse eigener Erfahrungen benutzt, die ich während meiner langjährigen Tätigkeit als Leiter von Bohrbetrieben auf den Ölfeldern in Galizien, Niederländisch-Ostindien und Mexiko erworben habe. Auch das Gute, was ich bei den Nachbarn sah, wurde verwertet, und schließlich habe ich durch Studium der Fachliteratur, besonders der nordamerikanischen, Lücken in meinem Wissen auszufüllen gesucht. Recht nützlich war mir dabei das Buch: „Petroleum Production Methods" by John R. Suman, Houston-Texas, aus dem ich auch die Angaben über die Verwendung von hydraulischen Kalken entnommen habe.

Da der Zement als Dichtungsmaterial bei Sperrarbeiten heute schon die wichtigste Rolle spielt, er aber und seine Eigenschaften nur wenigen Bohrtechnikern gut bekannt sein dürften, hielt ich es für nötig, diesen

Gegenstand ausführlich zu behandeln. Dabei benutzte ich zu Orientierungszwecken und zur Entnahme allgemeingültiger Daten die zahlreich vorhandene Spezialliteratur über Zement und seine Verwendung.

Mit Erlaubnis des Herrn Ing. W. Schulte, Erkelenz, ist die Verrohrungstabelle nebst Berechnung eingefügt worden. Diese bilden eine wertvolle Bereicherung des Buchinhaltes, und ich sage auch an dieser Stelle Herrn Schulte nochmals besten Dank dafür.

Zum Schluß soll noch bescheiden erwähnt werden, daß ich auch vollständig Neues, Selbsterdachtes und praktisch Erprobtes auf dem Gebiete des Wassersperrens bringe, und zwar in der Art der Benutzung von Sand als Dichtungsmaterial, in verschiedenen Kolben- und Stopfenkonstruktionen (besonders unter Verwendung von Holz) und in den Kontrollen der Sperren. Die Abbildungen 5, 7, 10, 10a, 12, 12a, 13, 17, 18, 24—29, 31, 33, 34b, 42, 44, 45, 47 und 48 stellen eigene Neukonstruktionen dar. Davon sind zum Patent angemeldet worden die Neuerungen nach den Abb. 18, 25—29 und 44.

In der Hoffnung, daß ich den Berufskollegen durch meine Mitteilungen ein wenig nützlich sein werde, übergebe ich diese hiermit der Öffentlichkeit und danke gleichzeitig auch noch der Verlagsbuchhandlung für die gute Ausstattung des Buches.

Lipinki (Klein-Polen), im Dezember 1926.

B. Schweiger.

Inhaltsverzeichnis.

Seite

Dritter Abschnitt.

Vierter Abschnitt.

Fünfter Abschnitt.

Erster Abschnitt.

A. Allgemeines.

Fast jedes Erdölgebiet hat seine Verwässerungsfrage. Man versteht hierunter das in den Ölhorizont eingedrungene Salz- oder Süßwasser. Die Wässer treten sowohl oberhalb als auch unterhalb von Ölhorizonten auf. Zum weitaus größten Teil hat man es mit Salzwasser zu tun. Das Eindringen ins Öl erfolgt meistens infolge mangelhafter Herstellung der Wassersperren und manchmal auch wegen planloser Ansetzung dieser oder beim Überbohren des Ölhorizontes.

Jede Verwässerung vermindert die Ausbeute an Öl. Ist die Verwässerung eine bedeutende oder mit anderen Worten, ist der auf dem Ölhorizont lastende Wasserdruck ein großer, so wird nur sehr wenig oder gar kein Öl ins Bohrloch treten. Wird der Wasserdruck vom Ölhorizont abgehalten, so läuft das Öl wieder zum Bohrloch (bei der Instandsetzung verwässerter Ölfelder ist dies bereits bewiesen worden).

Beim Niederbringen von Bohrlöchern auf Öl muß darum immer darauf geachtet werden, daß der Naturzustand zwischen Wasser und Öl bestehen, d. h. jedes für sich getrennt bleibt.

Die Verwässerung eines Ölfeldes kann aber nur dann wirksam verhindert werden, wenn die Absperrungsarbeiten in allen Bohrlöchern planmäßig nach Anordnungen, die das ganze Grubenfeld schützen sollen, ausgeführt werden.

Von diesem Gesichtspunkte aus wird man bei der Ausführung der einzelnen Sperren mit der größten Sorgfalt vorgehen müssen, da schlechte Arbeit eines einzelnen Grubenbesitzers nicht nur dessen Land und das seiner Nachbarn, sondern selbst das ganze dazugehörige Ölfeld schädigen würde.

Neben der Unkenntnis über die Wichtigkeit gut ausgeführter Wassersperren, spielen manchmal auch finanzielle Rücksichten mit, weil öfters die Kosten für schwierige Sperren recht ansehnliche sein können.

Es wird dann Sache der Nachbarn und der Bergbehörden sein, dafür zu sorgen, daß die Gesamtheit durch den einzelnen nicht geschädigt wird.

Genau geführte Bohrjournale, Bohrprofile und Bohrprobensammlungen von jedem Bohrloch sind unentbehrliche Hilfsmittel im Kampfe gegen die Verwässerung.

Selbstverständlich ist es hierbei wohl, daß der Bohrtechniker mit dem Ölgeologen Hand in Hand arbeiten wird.

Zur Verdeutlichung von Verwässerungsmöglichkeiten durch falsch angesetzte und defekt gewordene Wassersperren diene Abb. 1.

Die 5 Bohrlöcher seien der Reihe nach abgeteuft wie numeriert. Nr. 1 sperrte das Hauptwasser bei 480 m mit den 8″-Röhren, setzte die 6″-Fördertour bei 700 m und erbohrte den 1. Ölhorizont bei 730 m.

Nr. 2 wollte tiefer in den Ölhorizont hineinbohren, um evtl. mehr Produktion zu bekommen, und mußte deshalb die 8″-Röhren tiefer setzen als Nr. 1. Hauptwasser gesperrt bei 650 m, wobei aber die bei ca. 530 m anstehenden, durchlässigen Sande vom Wasser aus dem Haupthorizont durchdrungen wurden. Das Öl wurde bei ca. 800 m mit den perforierten 6″-Röhren angefahren, die nach Tieferbohren bis ca. 850 m daselbst abgesetzt wurden. Beide Bohrungen gaben reines Öl.

Nr. 3 sperrte das Hauptwasser wieder in der richtigen Teufe ab, ging mit den 6″ Röhren tiefer und traf bei 530 m in den durchlässigen Sanden bereits auf Wasserzufluß. Dieses Wasser wurde bei 600 m gesperrt und beim Tieferbohren bei 605 m der 1. Ölhorizont angefahren. Nach kurzer Produktionsdauer von reinem Öl wurde die Sperre, weil zu schwach, durchbrochen, worauf sich im Öl bei dieser Bohrung Wasserbeimengung zeigte.

Beim Abteufen von Nr. 4 sperrte man mit den 6″-Röhren die durchlässigen Sande schon bei 530 m ab und erbohrte das Öl bei ca. 640 m. Es zeigte sich aber bereits eine starke Verwässerung. Kurze Zeit darauf kam auch bei Nr. 1 und Nr. 2 Wasser zum Vorschein.

Bei Nr. 2 beschloß man tiefer zu bohren, bis evtl. ein 2. Horizont erreicht würde. Als bei 1190 m Gas auftrat, wurden die 5″-Röhren abgesetzt und beim Tieferbohren bei ca. 1270 m der 2. Ölhorizont mit reinem Öl angefahren.

Bei Nr. 1 wurde nun dieselbe Arbeit wiederholt, man setzte die 5″-Rohre auch bei 1190 m ab, bohrte tiefer, kam aber schon bei 1195 m ins Öl. Beide Bohrungen gaben längere Zeit reines Öl, aber bei Nr. 1 hielt die 5″-Sperre nicht, das Wasser aus dem verwässerten 1. Ölhorizont ging neben den 5″ Rohren in den 2. Horizont, und beide Bohrungen zeigten hierauf in Kürze Wasser.

Nun wurde Nr. 3 tiefer gebohrt, wobei man zur Sicherheit die 5″ Rohre bereits bei 950 m absetzte und mit den 4″ Rohren bis zum Öl bei 1160 m bohrte. Das Öl kam rein zutage.

Bei Nr. 4 wiederholte man die Arbeit von Nr. 3, setzte aber aus Mangel an 5″ Röhren diese bereits bei 810 m fest und sperrte damit

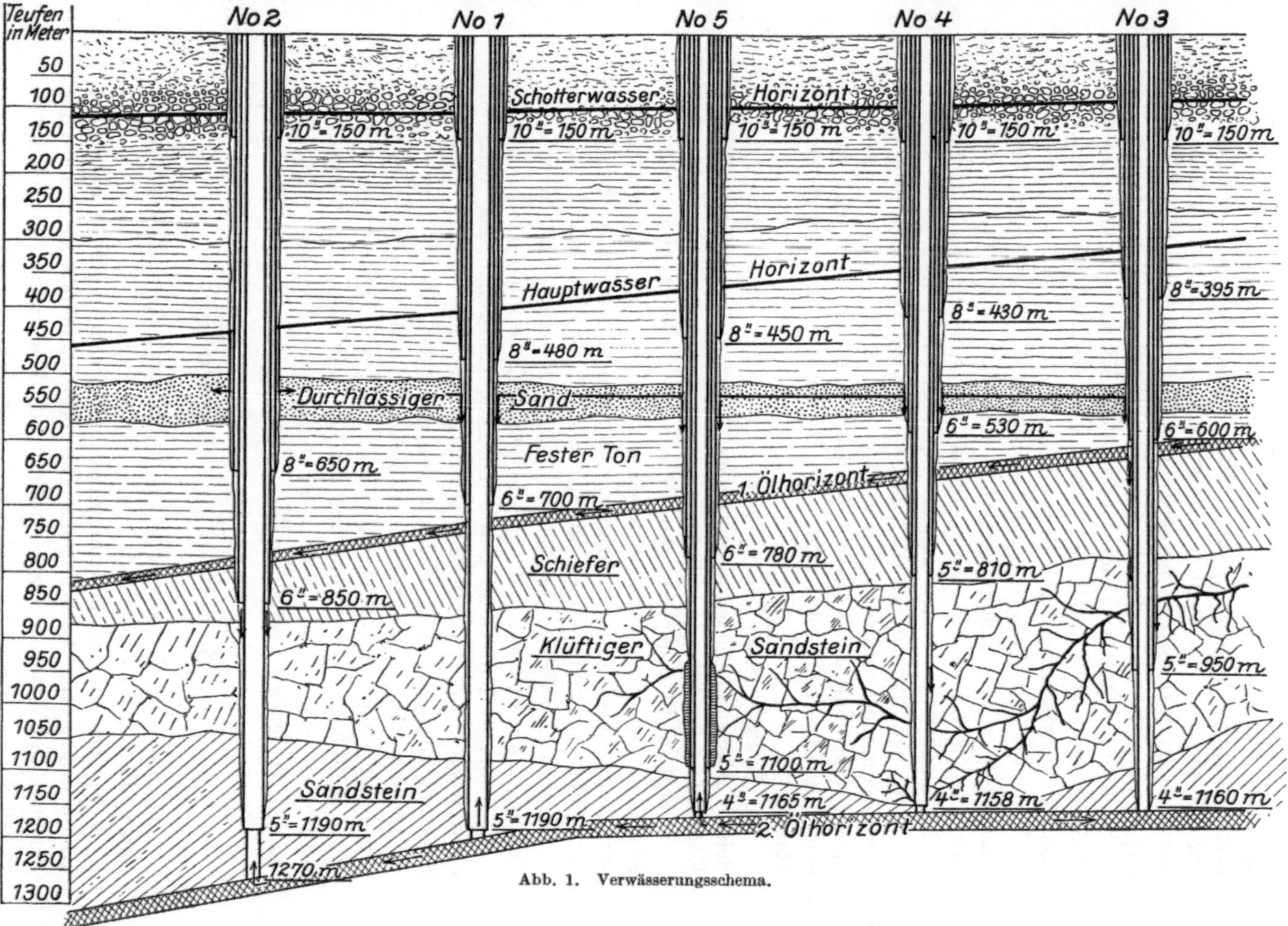

Abb. 1. Verwässerungsschema.

den verwässerten 1. Ölhorizont ab. Beim Tieferbohren mit den 4″-Röhren zeigte sich plötzlich bei 1150 m Wasserzufluß. Dieser Zufluß von Wasser kam aus Spalten von Nr. 3 herüber und wurde aus dem verwässerten 1. Ölhorizont gespeist. Bei 1158 m wurden die 4″-Rohre mit Ton hinterpreßt und abgesetzt. Bei 1160 m das Öl angefahren.

Nr. 3 und 4 gaben zunächst reines Öl. Als aber der Ton bei der 4″-Sperre von Nr. 4 durch das Wasser herausgedrückt wurde, machte sich die Verwässerung des Öles bemerkbar.

Nun wurde Nr. 5 abgeteuft, wobei man die 5″-Rohre bei ca. 1100 m zementierte, die 4″-Rohre bei 1165 m absetzte und bei 1170 m das Öl anbohrte, aber gleichfalls schon Verwässerung feststellte.

Nr. 3 gab wegen seiner Lage am längsten reines Öl.

Neben den Sperrungsarbeiten darf aber auch die dauernde Kontrolle der Sperren nicht vernachlässigt werden, da durch Undichtwerden einer Sperre, ohne daß dies rechtzeitig bemerkt und tiefer gebohrt würde, beim Anfahren eines Ölhorizontes großer Schaden angerichtet werden könnte.

Der heutige Stand der Wassersperrtechnik ermöglicht es, ganz sichere Absperrmethoden anzuwenden, sowie dauernde und schnelle Kontrollen darüber auszuführen.

Bei allen Wassersperrungsarbeiten wird zunächst einer von den folgenden zwei Fällen zur Erwägung kommen und zwar: entweder man kennt das Terrain inbezug auf seinen geologischen Aufbau, oder man bohrt auf völlig unbekanntem Gelände, wo Öl vermutet wird.

Im ersten Falle ist die Entscheidung meistens leicht, in welcher Teufe und auf welche Art die Sperre hergestellt werden soll.

Im zweiten Falle muß durch dauernde Kontrollen das Anfahren eines Wassers sofort festgestellt werden können und eine Methode der Sperrung gewählt werden, die jederzeit gestattet, eine schon gemachte Sperre ohne viel Schwierigkeiten zu lösen und tiefer nochmals mit derselben Rohrtour zu bewerkstelligen. Tritt beim Tieferbohren wieder Wasserzufluß ein, so muß man mit der Kontrolle feststellen können, ob man es mit neuem Wasser zu tun hat, oder ob der Zufluß vom Undichtwerden der letzten Sperre herrührt.

B. Die Sperrmethoden.

Die in neuerer Zeit angewandten brauchbaren Sperrmethoden lassen sich in fünf Arten einteilen.

1. Sperren mit der Rohrtour, einem entsprechend geformten Schuh, Hinterpressen von Dichtungsmaterial (Ton, feinkörniger Sand oder Zement) und Absetzen der Verrohrung in dem konisch vorgebohrten Bohrlochteil, wobei der Schuh durch seine Form dichtend wirkt.

2. Sperren mit der Rohrtour und Zementhinterpressung, aber ohne Anwendung eines konischen Dichtschuhes.

3. Sperren durch Einpressen von Zement, Ton oder Sand in die wasserführenden Schichten oder Klüfte und Spalten des Gebirges, ohne Anwendung einer Verrohrung.

4. Sperren vermittels Verrohrung und daran befestigten Packungen aus Kautschuk, Blei oder Hanf.

Obige vier Sperrmethoden dienen nur für Abdichtungen oberhalb des Ölhorizontes. Für Abdichtungen unterhalb des Öles bei sog.

5. Grundsperren werden Packungen aus Kautschuk, Hanf oder Stopfen aus Blei und Holz, sowie Sand und Zement resp. Beton verwendet.

Bei der Wahl einer der genannten Methoden beachte man die folgenden Ausführungen.

In Tonschichten von größerer Mächtigkeit kann die Verrohrung auch ohne Hinterpressung von Dichtungsmaterial abgesetzt werden, wenn die Bohrung mit Dickspülung niedergebracht wurde.

Für provisorische Sperren kann Ton verwendet werden, da die Verrohrung hierbei am leichtesten wieder frei zu machen ist.

Für dauernde Sperren wird Ton als Dichtungsmaterial in Verbindung mit einer Verrohrung und Abdichtschuh benutzt bei festem Ton, weicheren Mergeln und Schiefern, sowie zum Einpressen in Wassersande auch ohne Anwendung von Rohren.

Sand wird in Verbindung mit einer Verrohrung und Abdichtschuh in nicht zu hartem Gebirge mit Vorteil benutzt werden können.

Bei Sperren mit Ton oder Sandhinterpressung sollte vor dem Tieferbohren die nächstfolgende Verrohrung eingebaut werden, um die Sperrtour vor Beschädigungen durch das Bohrzeug zu schützen.

Zement ist für solches Gebirge verwendbar, an dem er nach Erhärtung festhaftet. Er kann demnach gebraucht werden bei Sand, Sandstein, sandigem Schiefer, harten Mergeln, Kalkstein, Basalt usw. Sind die genannten Gebirgsarten sehr hart, so eignet sich Zement als Dichtungsmittel ganz besonders, ja bildet öfters nur die einzige Möglichkeit, eine Sperre herzustellen, da die Härte des Gebirges die Herrichtung einer entsprechenden Absetzstelle für den Rohrschuh nicht zulassen würde und wegen den unvermeidlichen größeren Undichtheiten zwischen Rohr und Bohrlochwand, Ton oder Sand nicht verwendet werden könnte.

Gebirge, an dem Zement festhaften soll, darf nicht mit bituminösen Stoffen, wenn auch nur schwach, getränkt sein, keine Kohlensäure ausscheiden und nicht zu starken Gasaustritt aufweisen.

Sperren mit Zement oder Sand sind sehr schwer lösbar, manchmal nur nach langwierigen Rohrzerbohrungsarbeiten. Ist die Hinterpressung höher als ca. 15 m, so wird das Lösen der Sperre nicht nur schwierig, sondern meistens wegen der langen Arbeitsdauer auch unrentabel sein.

Sperren mit Verrohrungen und Packungen sollten nur im harten Gebirge angewandt werden und haben fast immer den Nachteil, daß eine Rohrtour übersprungen werden muß, wodurch das Bohrloch an Durchmesser verliert. Sie sind hauptsächlich in den Vereinigten Staaten von Nordamerika in Gebrauch.

Grundsperren werden angewandt, um zudringendes Wasser von unterhalb des Öles abzudämmen. Im härteren und harten Gebirge benutzt man hierzu Blei, Kautschuk, Holz, Zement, Sand, Hanf. Im weicheren Gebirge nimmt man Beton, Ton, Sand, öfters auch Hanf.

Was Haltbarkeit anbelangt, stehen die mit Zement ausgeführten Sperren obenan, allerdings nur dann, wenn das Gebirge dafür paßt.

C. Die Dichtungsmaterialien.

Die Dichtungsmaterialien sollen den zwischen Verrohrung, Rohrschuh und Bohrlochwand verbleibenden freien Raum bis zu den kleinsten Öffnungen ausfüllen und verstopfen oder, allein angewandt, Klüfte und Spalten schließen und zu tief gebohrte Brunnen wieder verfüllen und verdichten. Sie wirken durch

Setzen, wie Ton und Sand;
Erhärten, wie Zement;
Ausdehnung, wie Kautschuk, Blei;
Quellen, wie Holz, Hanf.

1. Der Ton.

In völlig reinem Zustande besteht er aus wasserhaltiger, kieselsaurer Tonerde. Meist aber ein Gemenge dieser mit Kalkstein, Eisenoxyd und Sand, entstanden durch Verwitterung feldspathaltiger Gesteinsmassen und im Wasser abgelagert. Sein spezifisches Gewicht schwankt zwischen 1,8 und 2,6. Seine Färbung ist grau, grün, blau, rot, braun und gelb. Der reinste Ton ist Kaolin.

Für Wassersperrungsarbeiten soll der Ton frei von Verunreinigungen sein, möglichst nur ganz geringen feinen Sandzusatz aufweisen, und bei Verwendung in fester Form dürfen sich keine Steine in demselben befinden.

Abgestandene, reine Dickspülung kann meistens mit Vorteil als Dichtungsmaterial verwendet werden.

2. Der Sand.

Brauchbar sind feinkörnige Sande von 0,1—0,5 mm Korngröße und ca. 2,5 spezifischem Gewicht, ohne Beimengungen von Pflanzenresten und Verunreinigungen. Man findet solche Sande unter Fluß-, See-, Dünen- und Grubensanden. Geringe, gleichmäßige Beimengungen von Ton sind nicht schädlich.

3. Der Zement.

Man versteht darunter ein Material, das hydraulische Eigenschaften besitzt, d. h. unter Wasser erhärtet.

Es gibt natürliche und künstliche Zemente.

Zu den natürlichen Zementen gehören die Puzzolanerde (Italien), Santorinerde (Griechenland) und der Traß (Deutschland). Sie enthalten: Kieselsäure, Tonerde, Eisenoxyd, Kalk und Magnesia, werden mit gebranntem Kalk fein gepulvert und mit Wasser angerührt als Mörtel verwendet, der unter Wasser erhärtet.

Zu den künstlichen Zementen gehören der Portlandzement mit seinen Abarten als Erzzement, Eisenportlandzement, der weiße Zement und andere.

Im Bohrbetrieb wird bei Wassersperrungsarbeiten meistens Portlandzement verwendet.

a) Portlandzement.

Portlandzement besteht aus einem bis zur Sinterung gebrannten, innigem Gemenge von 1,7 Gewichtsteilen Kalk auf 1 Gewichtsteil löslicher Kieselsäure + Tonerde + Eisenoxyd, das, fein gemahlen, ein schweres, äußerst gleichmäßiges Pulver von bläulicher oder grünlich-grauer Färbung ergibt.

Seine chemische Zusammensetzung schwankt zwischen folgenden Werten:

Deutsche Fabrikate:

Kalk	(CaO)	$=$	$55 \ \ —65\,\%$
Kieselsäure	(SiO_2)	$=$	$20 \ \ —26\,\%$
Tonerde	(Al_2O_3)	$=$	$7 \ \ —14\,\%$
Eisenoxyd	(Fe_2O_3)	$=$	$3,5— \ \ 8\,\%$
Magnesia	(MgO)	$=$	$1 \ — \ 3\,\%$
Schwefeltrioxyd	(SO_3)	$=$	$0 \ — \ 2\,\%$

Amerikanische Fabrikate:

Kalk	(CaO)	$=$	$62,5—64,0\,\%$
Kieselsäure	(SiO_2)	$=$	$19,4—22,5\,\%$
Tonerde	(Al_2O_3)	$=$	$7,1— \ 7,2\,\%$
Eisenoxyd	(Fe_2O_3)	$=$	$2,5— \ 5,3\,\%$
Magnesia	(MgO)	$=$	$1,3— \ 2,1\,\%$
Schwefeltrioxyd	(SO_3)	$=$	$1,2— \ 1,5\,\%$

b) Der Erzzement.

Erzzement ist ein in Hemmoor bei Hamburg hergestellter Portlandzement von dunkler Färbung, der wegen seiner Zusammensetzung aus Kreide, Eisenoxyd und Feuersteinpulver fast frei von Tonerde und daher vollkommen widerstandfähig gegen Seewasser ist.

Kalk	(CaO)	=	61,91 %
Kieselsäure .	(SiO_2)	=	24,61 %
Tonerde . . .	(Al_2O_3)	=	1,35 %
Eisenoxyd . .	(Fe_2O_3)	=	7,73 %
Magnesia . .	(MgO)	=	0,79 %

Seine chemische Zusammensetzung zeigt nebenstehende Tabelle.

c) Der Eisenportlandzement.

Eisenportlandzement besteht aus 70 % Portlandzement und höchstens 30 % geglühter, gekörnter Hochofenschlacke. Er besitzt dieselben Eigenschaften wie gewöhnlicher Portlandzement und ist außerdem nach dem Abbinden so gut wie unempfindlich gegen Moor-, Meer- und Salzwasser.

d) Der weiße Zement.

Weißer Zement besteht aus Ton, Kaolin und Kreide, oder Kalkstein, Kaolin und Feldspat. Als einer der besten seiner Gattung gilt hier der weiße „Sternzement". Er besitzt stark wasserabweisende Eigenschaften.

Seine chemische Zusammensetzung zeigt:

Kalk	(CaO)	=	62,07 %
Kieselsäure	(SiO_2)	=	19,54 %
Tonerde	(Al_2O_3)	=	10,04 %
Eisenoxyd	(Fe_2O_3)	=	0,61 %
Magnesia	(MgO)	=	0,67 %

α) **Feinheit der Mahlung.** Der Portlandzement soll so fein gemahlen sein, daß eine Probe von 100 g auf dem Siebe von 900 Maschen pro Quadratzentimeter 5 % Rückstand hinterläßt. Maschenweite des Siebes = 0,222 mm.

β) **Spezifisches Gewicht.** Raumgewicht gepulvert, lose eingelaufen 1,4, eingerüttelt 1,95, erhärtet 2,7—3,2.

γ) **Raumbeständigkeit.** Portlandzement soll nicht treiben, d. h. raumbeständig sein. Zur Probe wird ein auf einer Glasplatte hergestellter, reiner Zementkuchen nach 24 stündiger, vor Austrocknung geschützter Luftlagerung mindestens 3 Tage, höchstens 28 Tage unter Wasser gelegt, wobei der Kuchen keine Verkrümmungen oder Kantenrisse zeigen darf.

δ) **Abbinden.** Der Übergang aus dem breiigen in den starren Zustand wird das Abbinden des Zementes genannt. Die dazu nötige Zeit nennt man die Bindezeit. Je nach Dauer der Bindezeit unterscheidet man schnell- und langsambindenden Zement.

Langsambindender Zement erstarrt erst nach ca. 2 Stunden.

Schnellbindender Zement ist je nach chemischer Zusammensetzung oder nachträglichen Beimengungen in $^1/_4$—$^1/_2$ Stunde erstarrt.

Der langsambindende Zement kann durch Zugabe von Kali (K_2O), Soda (Na_2CO_3) bis zu 10%, Calcidum ($CaCl_2$) bis zu 50% des Wasserzusatzes und Anwärmung des Anmachewassers bis zu 40° C zum schnelleren Abbinden gebracht werden.

Gipszugabe verlangsamt die Abbindung, ebenso wenn man Wasser von niedriger Temperatur, bis zu 5° C, verwendet.

Schnellbindender Zement darf nur in kleineren Mengen auf einmal angemacht und muß dann sofort verwendet werden.

Weiter wäre noch zu beachten, daß bei warmem Wetter das Abbinden schneller vor sich geht als bei kaltem.

ε) **Erhärtung.** Mit Abschluß der Bindezeit beginnt der Erhärtungsprozeß, der, wenn er unter Wasser erfolgt, seine praktische Höchstgrenze nach ca. 28 Tagen erreicht.

Für die Praxis im Bohrbetriebe genügt bei langsambindenden Zementen eine Wartezeit auf das Erhärten von 14—20, bei schnellbindenden Zementen von 5—12 Tagen.

ζ) **Der Wasserzusatz.** Das zum Anmachen des Zementbreies erforderliche Wasser muß vor allem rein, ohne Verunreinigungen sein. Am besten eignet sich reines Regen- und Brunnenwasser. Ungeeignet sind Moor- und Seewasser, Wasser aus Fabrikbetrieben, das Säure und Fette enthält, Wasser mit Gips- und Magnesiagehalt, Wiesen- und Sumpfwasser mit Humusstoffen, Torffasern u. dgl., mit öligen Flecken an der Oberfläche (Petroleumgehalt schadet nicht), ebenso darf Wasser aus Mineralquellen nicht verwendet werden.

Die Temperatur des Anmachewassers soll für gewöhnlich von 15° bis 20° C betragen. Um den Bindevorgang zu verzögern oder zu beschleunigen, kann man, wie schon erwähnt, die Temperatur des Wassers bis auf 5° C erniedrigen, resp. bis auf 40° C erhöhen.

Die Menge des Anmachewassers kann nicht ohne weiteres schon im voraus bestimmt werden. Bei warmem, trockenem Wetter muß mehr Wasser genommen werden als an kalten, regnerischen Tagen. Im allgemeinen wird man bestrebt sein, ein Minimum an Wasser zu verwenden, aber meistens gezwungen werden, eher ein Zuviel als ein Zuwenig zu gebrauchen, um ein zu schnelles, vorzeitiges Abbinden in der Verrohrung zu verhindern.

Als Anhalt kann ein in der Praxis vielfach erprobtes Mischungsverhältnis von 1 kg Wasser auf 2,5 kg Zement gelten.

Ein öfters angewendetes Mischungsverhältnis ist 35% Wasser zu 65% Zement.

Im Bergbau geht man bei Versteinerungsarbeiten weit unter obige Verhältniszahlen. Es finden sich dort Mischungen von 1 l Zement zu 10 l Wasser, öfters selbst auf 1 l Zement 20 l Wasser.

Starke Wasserzugaben verlangsamen den Abbindungsprozeß, wirken aber sonst lange nicht so störend auf das Abbinden ein, als oft angenommen wird.

Bei Zementhinterpressungen wird man sich an die ersteren Angaben halten, während bei Einpressungen in Spalten und Klüfte sehr oft Mischungen nach den letzten Angaben verwendet werden müssen.

η) **Raumausfüllung durch erhärteten Zement.** Als guter brauchbarer Mittelwert, der durch viele praktische Versuche bestätigt worden ist, gilt, daß 100 kg reinen Zements nach Erhärtung ein Volumen von 0,073 m³ ergeben. Demnach 1 kg = 730 cm³.

Tabelle über die Bohrlochausfüllung durch 100 kg Zement.

| Rohr-abmessungen | | Bohrlochdurchmesser größer als der Außenrohrdurchmesser um: | | | | | | | | | |
| | | 20 mm | | 30 mm | | 40 mm | | 50 mm | | 60 mm | |
Zoll	mm	Volumen bei 1 m Höhe cm³	Höhe m	Volumen bei 1 m Höhe cm³	Höhe m	Volumen bei 1 m Höhe cm³	Höhe m	Volumen bei 1 m Höhe cm³	Höhe m	Volumen bei 1 m Höhe cm³	Höhe m
12	305/289	9896	7,3	15079	4,8	20420	3,5	25918	2,8	31578	2,3
10	254/239	8294	8,8	12677	5,7	17216	4,2	21913	3,3	26767	2,7
8¹/₂	216/202	7100	10,2	10885	6,6	14827	4,9	18927	3,8	23184	3,1
7	178/166	5906	12,3	9035	8,0	12440	5,8	15943	4,4	19603	3,7
5³/₄	146/134	4900	14,8	7587	9,6	10430	6,9	13430	5,4	16587	4.4
4¹/₂	114/102	3896	18,5	6279	11,5	8420	8,6	10917	6,6	13572	5.3

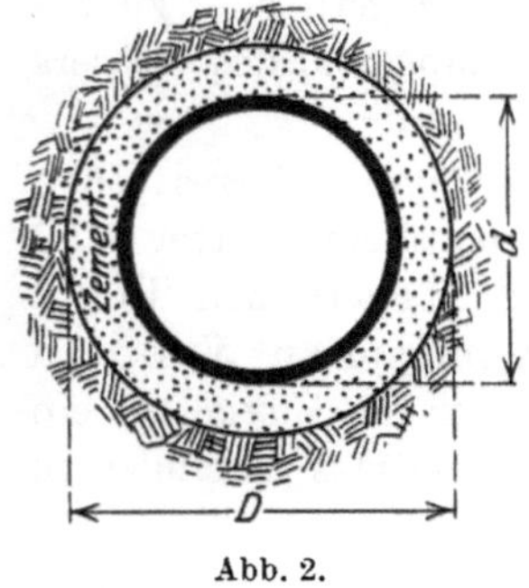

Abb. 2.

Die Zahlen in Spalte „Volumen bei 1 m Höhe" bedeuten den ringförmigen Querschnitt zwischen Bohrlochwand und Außenrohrdurchmesser $\times$ 1 m Länge (siehe Abb. 2). Wenn also $D =$ Bohrlochdurchmesser und $d =$ Außenrohrdurchmesser, so ist

$$\frac{D^2 \pi}{4} - \frac{d^2 \pi}{4} \times 100 \text{ cm} =$$

dem erwähnten Volumen.

Beispiel: Es soll bestimmt werden, wie hoch 100 kg Zement hinter einer Verrohrung von 216 mm Außendurchmesser ein Bohrloch ausfüllen wird, daß im Durchmesser 30 mm größer ist = 246 mm Durchmesser beträgt.

$\dfrac{D^2 \pi}{4}$ von 24,6 cm = 475,29 cm² — $\dfrac{d^2 \pi}{4}$ von 21,6 cm = 366,44 cm² = 108,85 cm² $\times$ 100 cm = 10885 cm³.

Zur Ausfüllung dieses Volumens benötigt man 10 885 cm³ : 730 cm³ = 15 kg Zement. Mit 100 kg kann demnach 100 : 15 = 6,6 m Länge angefüllt werden.

Natürlich stimmen die errechneten Werte nur dann mit der Wirklichkeit überein, wenn es sich um Bohrlöcher handelt, die im Gebirge stehen, das weder Spalten aufweist noch Nachfall erzeugt. Immerhin geben die Tabellenwerte gute Anhaltspunkte.

ϑ) **Verpackung und Lagerung.** Portlandzement wird in Holz- und Eisenfässern oder Jutesäcken verpackt zum Verkauf gebracht. Die Fässer sowie die Säcke sind inwendig mit Packpapier ausgekleidet, um den Zement gegen Streuverluste und Feuchtigkeit besser zu schützen.

Die Fässer haben in der Regel die Normalgröße:

für ganze	Fässer	= 180 kg brutto	= ca.	170 kg netto	=	122 l
„ halbe	„	= 90 kg „	= ca.	83 kg „	=	59 l
„ viertel	„	= 45 kg „	= ca.	40 kg „	=	28 l

Die Verpackung in Säcken erfolgt zu 50 kg Bruttogewicht = 48 kg Nettogewicht = ca. 35 l.

Die Lagerung des Zements muß in trockenen, luftigen, aber zugfreien und nicht der Lichteinwirkung ausgesetzten Räumen geschehen. Sehr schädlich ist die Feuchtigkeit, da sie schon nach kurzer Zeit den Zement stückig macht, wobei er teilweise abbindet. Besondere Aufmerksamkeit erfordert in dieser Beziehung der Transport des Zements z. B. von der Bahn zu dem Grubenmagazin oder nach den Bohrplätzen und die evtl. Lagerung am Bohrplatze, wenn auch nur für kurze Zeit. Man muß unbedingt dafür Sorge tragen, daß der Zement auch am Bohrplatze vollkommen trocken und vor Wetterunbill gut geschützt gelagert wird. Also nicht direkt auf den Erdboden stellen, sondern auf einer Bretterunterlage, die mit Dachpappe oder einem Segeltuch bedeckt ist, das gleichzeitig zum Zudecken des Zementes verwendet wird.

Die Nichtbeachtung dieser Vorsichtsmaßregeln hat schon manche Ladung Zement ungünstig beeinflußt, und ist dann die Verwendung solchen Zements oft genug die Ursache einer mißlungenen Wassersperre geworden.

Zu lange Lagerung (über ein Jahr) wirkt ungünstig auf das Abbinden und die Erhärtung des Zements ein.

Will man vor Mißerfolgen geschützt sein, so sollten bei wichtigen Arbeiten nicht nur Stichproben von der ganzen Ladung entnommen werden, um die Bindezeit festzustellen, sondern es wird ratsam sein, von jedem Faß resp. jedem Sack eine Stichprobe zu entnehmen, um sich von der Brauchbarkeit des Inhaltes zu überzeugen.

ι) **Haftfestigkeit und Wasserdichtigkeit.** Bei Sperrarbeiten mit Verrohrungen muß der Zement nach Erhärtung sowohl an den Rohren, wie an der Bohrlochwand fest anhaften und darf keine Risse noch Hohlräume aufweisen, muß also wasserdicht sein.

Man verwendet fast immer nur reinen Zement, d. h. ohne Beimengungen von Sand, da ungleichmäßiges Setzen, bedingt durch die Verschiedenheit der spezifischen Gewichte beider Materialien, befürchtet wird.

Vom Gesichtspunkte der Festigkeit, der Dichtheit und schließlich der Verbilligung ist Sandzusatz erwünscht. Bimssand von ca. 0,4 bis 0,8 spezifischem Gewicht ist ein geeignetes Zuschlagsmaterial. Das geringe spezifische Gewicht des Bimssandes gegenüber dem Zement verhindert ein Abfallen des Sandes nach unten.

Bei weicheren, bröckligen Gebirgsschichten, z. B. blättrigen Schiefern, die mit Dickspülung durchteuft wurden, ist es besser, zur Verdrängung der Dickspülung nur reine Zementmilch ohne Sandzusatz zu verwenden, da diesbezügliche Versuche des öfteren gezeigt haben, daß bei Sandzusatz die Dickspülung in die Zementmischung eindringt und störend beim Abbinden wirkt.

Soll eine Verrohrung durch Zementhinterpressung nicht nur abgedichtet, sondern gleichzeitig auf beträchtliche Höhe gegen Flüssigkeits- und Gebirgsdruck gesichert werden, so wird sich dies meistens nur dann erreichen lassen, wenn die Bohrlochwand aus festem, nichtnachfallendem Gebirge besteht. Hat man es dagegen mit bröckligem, vom Wasser durchsickertem Gebirge zu tun, so wird die Aufgabe meistens sehr schwer oder überhaupt nicht zu lösen sein, da nach Verdrängung der Dickspülung Nachfall eintreten kann, der einem regelrechten Abbinden des Zements hinderlich werden dürfte.

Es kann sogar vorkommen, daß bei nur schwacher zementfähiger Gebirgsschicht am Rohrschuh und darüber lagernden ungünstigen Schichten selbst ein einfaches Abdichten der Verrohrung nicht gelingen wird, weil der Zement wegen Nachfall am Abbinden verhindert wird.

Häufige mißlungene Zementierungen aus obigem Grunde, haben den Ansporn gegeben, nach Mitteln zu suchen, die nach Entfernung der Dickspülung aus dem Bohrloche Nachfallbildung verhindern, Gas- und Wasserzudrang abhalten, dabei gleichzeitig die Bohrlochwand und Verrohrung von der Dickspülung befreien resp. festhaftende Reste der Dickspülung so beeinflussen, daß der Zement gut anhaftet und schließlich zwischen Dickspülung und Zement ein Trennungsglied bilden, daß dem Zement ein sicheres Abbinden ermöglicht wird.

Auf den kalifornischen Ölfeldern hat man in den „hydraulischen Kalken" ein solches Mittel gefunden und vielfach erfolgreich angewandt.

e) Die hydraulischen Kalke.

Hydraulische Kalke sind Erzeugnisse, die aus Kalkmergeln oder Kieselkalken durch Brennen unterhalb der Sintergrenze, darauf folgender Hydratisierung und Zerkleinerung auf Mahlfeinheit gewonnen werden.

Die Kalke heißen hydraulisch, weil sie im Gegensatz zu den Luftkalken die Eigenschaft besitzen, unter Wasser zu erhärten.

Die chemische Zusammensetzung der hydraulischen Kalke ist recht verschieden.

Im nachstehenden sind einige europäische und amerikanische hydraulische Kalke in ihren Hauptbestandteilen angeführt:

Europäische hydraulische Kalke:

	Frankreich	Bulgarien	Deutschland
Kieselsäure	5,90 %	16,97 %	Schwarzkalk 13,70 %
Tonerde	2,10 %	3,31 %	2,32 %
Eisenoxyd	1,10 %	1,17 %	3,36 %
Kalk.	65,90 %	62,03 %	49,58 %
Magnesia	1,26 %	2,06 %	25,18 %

Amerikanische hydraulische Kalke:

	Pacific Lime & Plaster Co. S. F.	Cartersville Ga.	Mankato Minn.
Kieselsäure	19,51 %	15,04 %	18,10 %
Eisenoxyd	12,40 %	0,70 %	5,02 %
Kalk.	39,20 %	51,12 %	40,68 %
Magnesia	20,61 %	29,53 %	29,17 %

Die erwähnten amerikanischen Kalke werden ausschließlich in den dortigen Ölfeldern verwendet. Sie sind ohne Bestandteile von Tonerde, aber meistens reich an Magnesia. Das Fehlen der Tonerde verlangsamt das Abbinden. Der hohe Magnesiagehalt wirkt stark treibend, eine Erscheinung, die für die besonderen Verwendungszwecke erwünscht ist.

Im allgemeinen kann noch über hydraulische Kalke gesagt werden, daß ihre Farbe lichtgrau ist, das Litergewicht eingelaufen von 0,4 bis 0,74 kg und eingerüttelt 0,720—1,210 kg beträgt. Die Abbindedauer schwankt zwischen einigen Stunden bis zu mehreren Tagen. Das Anrühren erfolgt auf dieselbe Weise wie beim Portlandzement.

Die Verwendung der hydraulischen Kalke in Verbindung mit Zement geschieht so, daß etwa ein Drittel von der zu verarbeitenden Zementmenge als hydraulischer Kalk genommen, für sich allein aufgelöst und vor dem Zement hinter die Rohre gepreßt wird, worauf aber anschließend der Zement folgen muß.

Beim Austreten hinter die Rohre drückt der Kalk zunächst die Dickspülung weg, dringt in die Spalten sowie zwischen die losen Gebirgsteilchen ein, übernimmt dabei die Rolle der Dickspülung, schützt also das Bohrloch vor Nachfall und beeinflußt evtl. festhaftende Reste der Dickspülung so, daß sie für den nachfolgenden Zement beim Abbinden kein Hindernis mehr bilden.

Die Anwendung hydraulischer Kalke bei Wassersperrarbeiten wird in Zukunft sicher eine bedeutende Rolle spielen. Dazu wird aber erforderlich sein, daß durch ausgedehnte Abbindungs- und Erhärtungsversuche in den verschiedensten Gebirgsarten festgestellt wird, welche Zusammensetzungen der Kalke für die verschiedenen Gebirge die geeignetsten sind.

4. Der Kautschuk.

Wegen seiner großen Ausdehnungsfähigkeit ist er ein beliebtes Dichtungsmittel. Seine Dauerhaftigkeit ist aber eine beschränkte, da er im Wasser erhärtet, dabei an Elastizität verliert und bröcklig wird, sowie durch Öl und Benzingas zur Auflösung kommt. Für Dauersperren ist seine Anwendung daher nicht ratsam. Bei provisorischen Sperren wird er dagegen gute Dienste tun. Zur Verwendung kommt ausschließlich vulkanisierter Kautschuk.

5. Der Hanf.

Er ist ein verhältnismäßig billiges, dabei gut dichtendes und haltbares Dichtmaterial. Häufig wird ein aus ostindischem Hanf hergestelltes grobmaschiges und dickes Gewebe, „Jute" genannt, in Gebrauch genommen.

6. Das Blei.

Für Verwendungen zwischen Bohrlochwand und Verrohrung sowie zum Verschlagen überbohrter Ölhorizonte kommt nur Weichblei in Frage, und zwar wird es in Zylinderform oder als Bleiwolle in Gebrauch genommen.

Für Packungen zwischen zwei Verrohrungen kann Hartblei (bis 5 % Antimonzusatz) verwendet werden.

7. Das Holz.

Zur Verwendung kommen hauptsächlich stark quellende Hölzer, wie Linde, Weißbuche, Birke u. a. (s. Tabelle über die Quellmaße der wichtigsten Hölzer).

Es wird in Form von Stopfen bei Grundsperren benutzt und zur Herstellung von Zementierkolben verwendet.

Quellmaße der wichtigsten Holzarten[1]).

Holzarten	Größe der Quellmaße in der Richtung	
	der Achse $^0/_0$	des Radiuses $^0/_0$
Ahorn	0,072	3,35
Apfelbaum........	0,109	3,00
Birke	0,222	3,86
„ russische	0,065	7,19
Birnbaum.........	0,228	3,94
Buchsbaum	0,026	6,02
Ebenholz	0,010	2,13
Eiche	0,400	3,90
Erle	0,369	2,91
Esche	0,821	4,05
Fichte	0,076	2,41
Kiefer	0,120	3,04
Kirschbaum	0,112	2,85
Lärche.............	0,075	2,17
Linde	0,208	7,79
Mahagoni	0,110	1,09
Nußbaum.........	0,223	3,53
Pappel.............	0,125	2,59
Pflaumbaum......	0,025	2,02
Pockholz..........	0,625	5,18
Roßkastanie	0,088	1,84
Rotbuche	0,200	5,03
Tanne	0,122	2,91
Ulme	0,124	2,94
Weide	0,637	2,48
Weißbuche........	0,400	6,66
Zeder.............	0,017	1,30

Nebenstehende Maße beziehen sich auf vollständig ausgetrocknete Hölzer, die unter Wasser gebracht nach ca. 24 Stunden Höchstdauer die angegebenen prozentualen Vergrößerungen aufweisen werden.

Für die Herstellung von Kolben und Stopfen, die durch Aufquellen abdichten sollen, kommt fast ausschließlich nur das Quellen in radialer Richtung in Frage. Soll beispielsweise für eine Verrohrung von 200 mm l. Ø ein Kolben aus Lindenholz hergestellt werden, so kann man denselben kleiner als 200 mm machen um: bei 100 mm quillt Lindenholz um 7,79 mm, bei 200 mm $= 2 \times 7,79 = 15,58$ mm, $200 - 15,6 = 184,4$ mm Ø. Bei diesem Ø würde der Kolben noch schließend in die Verrohrung passen. Da er aber fest halten soll, so würde man ihm einen Ø von ~ 195 mm geben. Am besten überzeugt man sich aber durch Versuche, wobei das Probestück die ersten 3 Stunden jede $^1/_2$ Stunde gemessen wird, dann aber jede volle Stunde.

D. Das Hinter- und Einpressen der Dichtungsmaterialien.

Drei Methoden sind dafür in Anwendung:

1. Für Ton und Zement. Einbringen mit sog. Zementierbüchsen bis auf die Bohrlochsohle, hierauf Einlassen eines Holzstopfens bis auf das Dichtmaterial und Belastung des Stopfens durch das Bohrzeug oder durch Wasserdruck, wobei das Dichtmaterial aus der Verrohrung hinter dieselbe gepreßt wird.

2. Für Ton, Zement und Sand. Benutzung einer Druckpumpe nebst eines Röhrenstranges kleineren Durchmessers, der in der Verrohrung bis zum Schuh eingebaut wird, unten mit einem Kolben und oben mit einer Stopfbüchse gegen die Verrohrung abgedichtet ist. Die Pumpe saugt hierbei das Dichtmaterial an und preßt es durch den Röhrenstrang (meistens Hohlbohrgestänge) hinter die Verrohrung.

---

[1]) Hütte Band I 1911, Seite 737.

3. Für Ton und Zement. Einbringen des Dichtmaterials direkt in die Verrohrung zwischen zwei Holzstopfen und Auspressen durch Wasserdruck hinter die Verrohrung.

Für Ton- und Zementhinterpressungen wird bei Anwendung der 2. oder 3. Methode und bei kleineren oder einzelnen Arbeiten das Anrühren von Hand aus besorgt. Bei größeren schwierigen Arbeiten wird dafür Maschinenarbeit bevorzugt. Unternehmer für Sperrarbeiten besitzen meistens eine komplette fahrbare Anlage dazu.

Bei langwierigen Toneinpressungen ist auch schon mit Erfolg an Stelle von Wasserdruck Preßluft benutzt worden (Gasfelder, Siebenbürgen).

Zur Überwältigung von allen vorkommenden Sperrarbeiten, hauptsächlich bei Ausführung mit Zement und bis zu Teufen über 1000 m, müssen die Einrichtungen dafür so beschaffen sein, daß sie Drücken bis zu 70—80 at standhalten und in höchstens zwei Stunden ca. 8000 bis 10000 kg Zement mischen und an Ort und Stelle befördern können.

Bei Sperren von Teufen bis zu 700 m und keinem drückenden oder nachfallenden Gebirge genügen Pumpen und Leitungen für ca. 30—40 at Höchstdruck und für Fördermengen von 3000—5000 kg auf eine zweistündige Arbeitszeit.

Aus Sicherheitsgründen wird man bestrebt sein, zwei Pumpen zur Verfügung zu haben, wobei dann die eine für höheren Druck und kleinere Fördermenge, die andere aber für niedrigeren Druck und große Fördermenge bestimmt sein wird.

Man findet z. B. bei Zementiereinrichtungen Pumpenabmessungen von $250 \times 75 \times 300$ mm für Hochdruck- und $250 \times 150 \times 300$ mm für die Niederdruckpumpe.

E. Die Verrohrung.

Ist man bei Beginn der Bohrung schon in der Lage, den Verrohrungsplan und die Sperrtouren zu bestimmen, so wird es keine Schwierigkeiten machen, Rohre zu wählen, die bei den auftretenden Flüssigkeitsdrücken die Gewähr der Haltbarkeit bieten. Für Verrohrungen in unbekanntem Gelände wird man vorsichtshalber Rohre mit stärkerer Wanddicke vorsehen, um mehr Bewegungsfreiheit in der Bohrarbeit zu haben.

Die Wandstärken der Rohre werden meistens errechnet und diese Berechnungen teilweise durch Druckversuche korrigiert. Es hat sich dabei herausgestellt, daß sehr oft die Berechnungen eine unzureichende Wandstärke ergeben haben. Man war daher bemüht, neue Grundsätze bei der Berechnung aufzustellen, um dadurch besonders dem Praktiker eine sichere Wahl für den Verrohrungsplan zu ermöglichen.

Nachfolgend eine Berechnung nebst Tabelle über geschweißte und nahtlose Bohrrohre, die Herr Ing. W. Schulte, Erkelenz, in der Zeitschrift des Internationalen Vereins der Bohringenieure und Bohrtechniker Nr. 24 vom 15. Dezember 1923 veröffentlicht hat. Die Tabelle ist in erster Linie für die Praxis bestimmt und kann auf jedem Bohrbetriebe anstandslos verwendet werden.

Herr Schulte schreibt: „In der Tabelle sind die Bohrrohre eingeteilt in geschweißte Rohre mit ca. 4000 kg pro Quadratzentimeter Bruchfestigkeit von $13^1/_2''$ Durchmesser an aufwärts und die nahtlosen Rohre mit ca. 5500 kg pro Quadratzentimeter Bruchfestigkeit von $13^1/_4''$ an abwärts.

Für die Berechnung der geschweißten Rohre auf Druckfestigkeit bei dreifacher Bruchsicherheit wurde die Formel verwendet:

$$\text{Verrohrtiefe } T = \frac{10 \cdot 2 \cdot s \cdot k}{1{,}3 \cdot D},$$

wobei s = Wandstärke in Zentimeter,

$$k = \frac{4000}{3} = 1330 \text{ kg pro Quadratzentimeter,}$$

1,3 = spezifisches Gewicht der Druckflüssigkeit hinter der Rohrwand.
D = äußerer Rohrdurchmesser in Zentimeter.

Also

$$T = \frac{10 \cdot 2 \cdot 1330}{1{,}3} \cdot \frac{s}{D}$$

$$T = 20\,400 \cdot \frac{s}{D} \text{ Meter.} \tag{I.}$$

Nach vorstehender Formel sind die Verrohrtiefen für die geschweißten starkwandigen Rohre von ca. 12 mm Wandstärke aufwärts, welche in der Tabelle durch eine treppenförmige Linie abgegrenzt sind, berechnet. Diese Formel gilt, wenn die

Wandstärke $s = \frac{1}{35} \cdot D$ (bei den großen Rohren) bis ca. $\frac{1}{30} \cdot D$ (bei den kleineren Rohren).

Für die kleineren Wandstärken muß zur Berechnung der Tiefen die Einknickformel für geschweißte Rohrwandungen gebraucht werden.

$$\text{Verrohrtiefe } T = \frac{10 \cdot K \cdot s^2}{1{,}3 \cdot 1{,}35 \cdot D \sqrt[4]{D^3}},$$

wobei K = 45000, bei dem ungefähr das Einknicken der geschweißten Rohrwand stattfindet,
  s = Wandstärke in Zentimeter,
 1,35 = Sicherheit gegen Einknicken der Wandung,
$D \sqrt[4]{D^3}$ = Wert in der Tabelle.

Verrohrungs-Tabelle für

Geschweißte Rohre

| Außen | | | Teufen in Metern bei Rohrwandstärken in mm von | | | | | | | | | | | | | | |
D in Zoll	D in mm	$D\sqrt[4]{D^3}$	6	6,5	7	7,5	8	8,5	9	9,5	10	10,5	11	12	13	14	15
24	610	1331	69	81	94	108	123	139	156	174	193	212	233	277	326	378	433
23 3/4	603	1305	71	83	96	110	126	142	159	177	196	217	238	283	332	385	442
23 1/2	597	1282	72	84	98	112	128	144	162	180	200	221	242	288	338	392	450
23 1/4	590	1256	73	86	100	115	131	147	165	184	204	225	247	294	345	400	459
23	584	1234	75	88	102	117	133	150	168	188	208	229	251	299	351	407	467
22 3/4	578	1213	76	89	104	119	135	153	171	191	211	233	256	304	357	414	476
22 1/2	572	1189	78	91	106	121	138	156	174	194	216	238	261	310	364	423	485
22 1/4	565	1164	79	93	108	124	141	159	178	199	220	243	266	317	372	432	496
22	559	1141	81	95	110	126	144	162	182	203	225	248	272	324	380	440	506
21 3/4	552	1118	82	97	112	129	147	166	186	207	229	253	277	330	387	449	516
21 1/2	546	1096	84	99	115	132	150	169	189	211	234	258	283	337	395	458	526
21 1/4	540	1075	86	101	117	134	153	172	193	215	238	263	289	343	403	467	537
21	533	1055	87	103	119	137	156	176	197	219	243	268	295	350	411	476	547
20 3/4	527	1031	89	105	122	140	159	180	201	224	249	274	301	357	420	487	560
20 1/2	521	1010	91	107	124	143	162	183	205	229	254	280	307	366	429	498	572
20 1/4	514	987	93	110	127	146	166	187	210	234	260	286	314	374	439	509	584
20	508	967	95	112	130	149	170	191	215	239	265	292	321	382	448	520	597
19 3/4	502	947	97	114	133	152	173	196	219	244	271	298	328	390	457	531	609
19 1/2	495	927	99	117	136	155	177	200	224	250	277	305	335	398	467	542	620
19 1/4	489	906	102	120	139	159	181	204	229	255	283	312	342	407	478	555	630
19	483	885	104	122	142	163	185	209	235	261	290	319	350	417	490	568	638
18 3/4	476	864	107	125	145	167	190	214	240	268	297	327	359	427	502	582	646
18 1/2	470	843	109	128	149	171	195	220	246	274	304	335	368	438	514	596	655
18 1/4	464	823	112	132	153	175	199	225	252	281	311	343	377	449	526	610	662
18	457	803	115	135	156	180	204	231	259	288	319	352	386	460	540	620	670
17 3/4	451	784	118	138	160	184	209	236	265	295	327	360	396	471	553	630	680
17 1/2	445	766	120	141	164	188	214	242	271	302	335	369	405	482	566	640	690
17 1/4	438	747	123	145	168	193	220	248	278	310	343	378	415	494	580	650	700
17	432	728	127	149	172	198	225	254	285	318	352	388	426	507	595	660	710
16 3/4	426	710	130	152	177	203	231	261	292	326	361	398	437	520	610	670	720
16 1/2	420	693	133	156	181	208	237	267	300	334	370	408	448	533	625	680	730
16 1/4	413	673	137	161	186	214	244	275	308	344	381	420	461	548	640	695	740
16	407	656	141	165	191	220	250	282	317	353	391	431	475	564	655	705	755
15 3/4	400	636	145	170	197	227	258	291	327	364	403	444	488	580	665	715	765
15 1/2	394	619	149	175	203	233	265	299	336	374	414	457	501	596	675	725	780
15 1/4	388	603	153	180	208	240	273	308	345	385	426	470	515	613	685	740	790
15	381	584	158	185	215	247	281	317	356	396	439	484	531	632	695	750	805
14 3/4	374	566	163	191	222	255	290	327	367	409	453	499	548	652	710	765	820
14 1/2	368	550	168	197	228	262	298	337	378	421	466	514	564	665	720	775	830
14 1/4	362	534	173	203	235	270	307	347	389	433	480	529	582	677	735	790	845
14	355	519	178	209	242	278	317	357	400	446	494	545	600	690	745	805	860
13 3/4	349	504	184	216	250	287	327	368	413	460	510	562	618	700	760	815	875
13 1/2	343	486	190	223	258	297	338	381	427	476	527	582	638	715	775	830	890

Also

$$T = \frac{10 \cdot 45\,000 \cdot s^2}{1{,}3 \cdot 1{,}35 \cdot D\sqrt[4]{D^3}}$$

$$T = 256\,400 \cdot \frac{s^2}{D\sqrt[4]{D^3}} \text{ Meter.} \tag{II.}$$

Für die Berechnung der nahtlosen Rohre von größerer Wandstärke

geschweißte und nahtlose Rohre.

	Außen		Teufen in Metern bei Rohrwandstärken in mm von														
D in Zoll	D in mm	$D\sqrt[4]{D^3}$	6	6,5	7	7,5	8	8,5	9	9,5	10	10,5	11	12	13	14	15
13¼	335	469	219	257	298	342	389	439	492	548	607	670	735	875	1027	1170	1250
13	330	454	226	265	307	353	402	453	508	566	627	692	759	904	1060	1190	1275
12¾	324	440	233	273	317	364	414	468	524	584	647	714	783	933	1094	1210	1300
12½	318	426	241	283	328	376	428	483	541	603	669	737	809	963	1130	1230	1320
12¼	312	412	249	292	339	389	442	500	560	624	691	762	837	996	1165	1255	1350
12	305	396	259	304	353	405	460	520	583	649	719	793	870	1036	1195	1285	1380
11¾	298	380	270	317	367	422	480	542	607	677	750	826	907	1080	1220		
11½	292	366	280	329	381	438	498	562	630	702	778	858	942	1121	1250		
11¼	285	352	291	342	396	455	518	585	655	730	809	892	980	1165	1275		
11	279	339	302	355	412	473	538	607	680	758	840	926	1017	1200	1300		
10¾	273	326	315	369	428	491	559	631	708	789	874	963	1057	1230	1330		
10½	267	314	327	383	445	510	581	655	735	819	907	1000	1098	1260	1365		
10¼	260	300	342	401	465	534	608	686	769	857	950	1047	1150	1290	1400		
10	254	287	357	419	486	558	635	717	804	896	993	1094	1200	1320	1430		
9¾	248	275	373	438	508	583	663	748	839	935	1036	1142	1240	1355			
9½	241	262	391	459	533	612	696	786	880	981	1087	1200	1275	1390			
9¼	235	251	409	480	556	638	726	820	919	1024	1135	1250	1310	1430			
9	229	240	427	501	582	668	760	860	961	1071	1187	1280	1345	1465			
8¾	222	228	450	528	612	703	800	903	1012	1128	1250	1320	1385	1510			
8½	216	216	475	557	646	742	844	953	1068	1190	1295	1355	1425	1550			
8¼	209	205	500	587	681	782	886	1004	1125	1254	1340	1405	1475	1610			
8	203	194	529	620	719	826	940	1061	1189	1310	1380	1450	1520	1655			
7¾	197	184	557	654	760	871	991	1119	1254	1350	1420	1490	1560	1700			
7½	191	174	589	692	802	921	1048	1183	1315	1390	1460	1530	1605				
7¼	184	164	625	734	851	977	1112	1255	1365	1445	1520	1595	1670				
7	178	154	666	782	910	1041	1184	1335	1415	1490	1570	1650	1725				
6¾	171	144	712	836	970	1113	1266	1395	1475	1560	1640	1720	1800				
6½	165	135	760	892	1035	1187	1350	1445	1530	1615	1700	1785	1870				
6¼	159	126	814	955	1108	1272	1410	1495	1585	1670	1760	1850	1940				
6	152	117	877	1029	1193	1370	1470	1565	1655	1750	1840	1930	2020				
5¾	146	109	941	1104	1280	1440	1535	1630	1725	1820	1915	2010					
5½	140	101	1015	1192	1385	1500	1600	1700	1800	1900	2000						
5¼	133	93	1105	1295	1470	1575	1680	1785	1890	1995	2100						
5	127	85,4	1200	1410	4510	1650	1760	1870	1980	2090	2200						
4¾	121	78,0	1315	1500	1615	1730	1850	1960	2080	2195							
4½	114	70,7	1450	1600	1720	1845	1970	2090	2210								
4¼	108	—	1555	1680	1810	1940	2070	2200									
4	102	—	1645	1780	1920	2055	2190										
3¾	95	—	1770	1915	2065	2210											

(Zeilenbeschriftung links: Nahtlose Rohre)

auf Druckfestigkeit bei dreifacher Bruchsicherheit wurde die Formel verwendet:

$$\text{Verrohrtiefe } T = \frac{10 \cdot 2 \cdot s \cdot k}{1{,}3 \cdot D},$$

wobei s = Wandstärke in Zentimeter

$$k = \frac{5500}{3} = 1830 \text{ kg pro Quadratzentimeter,}$$

1,3 = spezifisches Gewicht der Druckflüssigkeit hinter der Rohrwand,
D = Außendurchmesser in Zentimeter.

Also
$$T = \frac{10 \cdot 2 \cdot 1830}{1,3} \cdot \frac{s}{D}$$

$$T = 28\,000 \cdot \frac{s}{D} \text{ Meter.} \tag{III.}$$

Nach der Formel III werden die Verrohrtiefen für die nahtlosen Rohre berechnet, wenn die Wandstärke ungefähr $s = \frac{1}{24} \cdot D$ (bei den größeren Röhren) bis ca. $\frac{1}{18} \cdot D$ (bei den kleineren Röhren).

Die Tiefenwerte sind in der Tabelle durch eine treppenförmige Linie abgegrenzt.

Für die kleineren Wandstärken muß zur Berechnung die Einknickformel für nahtlose Rohrwandungen gebraucht werden.

$$\text{Verrohrtiefe } T = \frac{10 \cdot K \cdot s^2}{1,3 \cdot 1,35 \cdot D\sqrt[4]{D^3}},$$

wobei $K = 50\,000$, bei dem ungefähr das Einknicken der nahtlosen Rohrwand stattfindet,

$1,3$ = spezifisches Gewicht der Druckflüssigkeit,

$D\sqrt[4]{D^3}$ = Wert in der Tabelle.

Also
$$T = \frac{10 \cdot 50\,000 \cdot s^2}{1,3 \cdot 1,35 \cdot D\sqrt[4]{D^3}}$$

$$T = 284\,900 \cdot \frac{s^2}{D\sqrt[4]{D^3}} \text{ Meter.} \tag{IV.}$$

Beispiel 1.

Wie tief können nahtlose starkwandige Bohrrohre von $12'' = 305$ mm äußerem Durchmesser und 13 mm Wandstärke gebracht werden, wenn dieselben unter dem äußeren Flüssigkeitsdruck stehen?

Da die Wandstärke $s = \frac{13}{305} \cdot D = \frac{1}{23,4} \cdot D$, also $s = \frac{1}{24} \cdot D$, so wird die Verrohrtiefe für dreifache Drucksicherheit nach Formel III berechnet.

$$T = 28\,000 \cdot \frac{s}{D} = \frac{28\,000}{23,4} = 1195 \text{ Meter,}$$

wie auch die Tabelle angibt.

Der Sicherheitswert $s = 3$ entspricht einer Druckbeanspruchung von $\frac{5500}{3} = 1830$ kg pro Quadratzentimeter, da nun bei ca. 2200 kg pro Quadratzentimeter die Belastung bis zur Elastizitätsgrenze des nahtlosen Materials liegt, also bei $\frac{5500}{2200} = 2,5$ und entsprechend für geschweißte Rohre $\frac{4000}{1600} = 2,5$ ist, so ergibt sich daraus, daß stets die Drucksicherheit für die Formel I und III $s = 2,5$ sein muß.

Beispiel 2.

Wie tief können nahtlose normalwandige Bohrrohre von $12'' =$ 305 mm äußerem Durchmesser und 9 mm Wandstärke gebracht werden, wenn dieselben unter dem äußeren Flüssigkeitsdruck stehen?

Nach Formel IV ist die Verrohrtiefe bei 1,35facher Sicherheit gegen Einknicken

$$T = 284\,900 \cdot \frac{s^2}{D\sqrt[4]{D^3}}$$

$$T = \frac{284\,900 \cdot 0,81}{396} = 583 \text{ Meter},$$

wie auch die Tabelle angibt.

Zur Kontrolle sei noch die in der Rohrwandung auftretende Druckbeanspruchung pro Quadratzentimeter für obiges Beispiel nachgerechnet. Es ist $T = \dfrac{10 \cdot 2 \cdot s \cdot k}{1,3 \cdot D}$ und wird daraus $k = \dfrac{1,3 \cdot T \cdot D}{10 \cdot 2 \cdot s} = \dfrac{1,35 \cdot 583 \cdot 30,5}{10 \cdot 2 \cdot 0,9}$ $= 1280$ kg pro Quadratzentimeter.

Der Sicherheitswert gegen Einknicken $s = 1,35$ entspricht den Werten $\dfrac{K}{1,35}$ der Formeln II und III. Nun ist K_1 der Wert, bei dem ungefähr der Anfang der Formveränderung der Rohrwandung vor dem Einknicken liegt und ist $\dfrac{K}{K_1} = 1,1 \div 1,15$; es ergibt sich also, daß stets die Sicherheit gegen Einknicken für die Formeln II und IV $s = 1,15$ sein muß. Will man eine größere Sicherheit, z. B. $s = 1,5$, gebrauchen, so sind sämtliche Tiefenwerte der Tabelle mit 0,9 zu multiplizieren. Die Sicherheit bei den starkwandigen Rohren, welche nur auf Druck nach den Formeln I und III berechnet sind, erhöht sich dann auf

$$S = \frac{3}{0,9} = 3,3 \cdot \text{``}$$

Von guten Rohren wird verlangt, daß sie genau zylindrisch sind, gleichmäßige Wandstärke besitzen und keine Risse noch Blasen aufweisen.

Die Rohrverbindungen werden durch aufgemuffte und eingezogene mit Gewinde versehene Rohrenden hergestellt oder auch durch aufgeschraubte Muffen. Bei der ersten Verbindungsart wird ausschließlich schwach konisches Gewinde verwendet. Bei der zweiten Verbindungsart werden konische und zylindrische Gewinde gebraucht. Die Abb. 3 ÷ 3b veranschaulichen das Gesagte.

Die Gewinde müssen genau ineinander passen, da davon die Dichtheit der Verbindungen abhängt.

Dabei soll gleich erwähnt werden, daß die Meinung, als ob nur konische Gewinde dichte Verbindungen ergeben, irrig ist. Man kann auch mit zylindrischen Gewindeverbindungen selbst für hohe Drücke dauerndes Dichthalten erzielen. Wegen des leichteren und schnelleren Zusammenschraubens werden aber konische Gewindeverbindungen bevorzugt.

Vor dem Zusammenschrauben müssen die Gewinde vollkommen blank gesäubert werden. Hilfsmittel, wie Feilen und Schmirgel, dürfen dabei nur im äußersten Notfalle gebraucht werden (Dreikantschlichtfeile zum Ausfeilen verschlagener Gewindegänge). Petroleum und weiche Stahlbürsten sind für die Grobarbeit am besten geeignet, während mit warmem Wasser, Haarbürsten und Putzlappen (keine Putzwolle) die endgültige Säuberung und Abtrocknung erfolgen sollte.

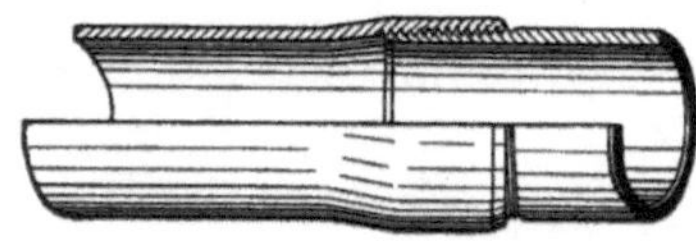

Abb. 3. Aufgemufft — konisch.

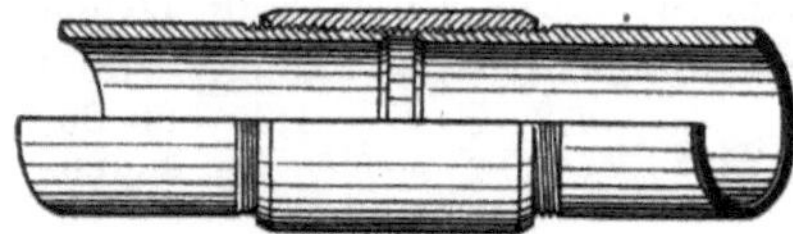

Abb. 3a. Mit Muffe — konisch.

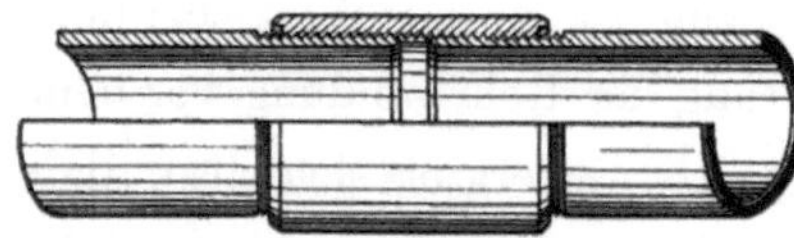

Abb. 3b. Mit Muffen — zylindrisch.

Abb. 3—3b. Bohrrohrverbindungen.

Die Gewinde werden beim Zusammenschrauben mit Maschinenöl geschmiert, dem Graphit beigegeben werden kann. Leinöl, Rohöl oder Staufferfett sollten nicht verwendet werden. Das Zusammenschrauben sollte nicht zu schnell geschehen, damit die Gewinde nicht heiß werden. Beim Heißwerden dehnen sich die Gewindeverbindungen aus, worauf beim Erkalten ungleichmäßiges Zusammenziehen eintritt, was Undichtheiten zur Folge hat.

Wie weit die konischen Rohrverbindungen zusammengeschraubt werden müssen, um gut zu dichten, hängt von der Herstellung ab. Im allgemeinen sind 70—80 % von der Gesamtgewindelänge zum Einschrauben ausreichend.

Für die dabei aufzuwendende Kraft rechnet man vielfach so, daß die Anzahl der nötigen Arbeiter dem Rohrdurchmesser in Zoll entspricht. Also z. B. für das Zusammenschrauben von 6″-Rohren werden sechs Mann benötig, für 14″ = vierzehn Mann. Es ist dies natürlich nur eine ganz grobe Schätzung.

Das Schlagen mit Hämmern auf die Gewindeverbindungen während des Zusammenschraubens, um angeblich das Schrauben zu erleichtern und die Gewindeverbindungen mehr zusammenzuschrauben, ist eine verwerfliche Methode, da speziell bei aufgemufften Rohren Beschädigungen entstehen, die immer Undichtheiten zur Folge haben.

Ruhiges, gleichmäßiges Einschrauben, ohne Rucke, verbürgt das beste Dichthalten und erleichtert eventuelles Auseinanderschrauben ganz bedeutend. In der Zukunft wird hoffentlich richtig ausgeführtes maschinelles Zusammenschrauben der Rohre die beste Lösung bringen.

Das Abfangen der aufgemufften Rohre mit der Keilklemme soll mindestens 20 cm unter dem untersten Gewindegang der Verbindung erfolgen und muß möglichst ohne Erschütterung vor sich gehen.

Vor dem Aufsetzen der Rohre über dem Bohrloch auf die Verbindungen muß durch Klopfen anhaftender Rost zum Abfallen gebracht werden, da er sonst beim Zusammenschrauben zwischen die Gewinde der Verbindung hineinkommen könnte.

Bei Zementierungsarbeiten müssen die Rohre außerdem außen auf die zu zementierende Länge von etwaigen fetthaltigen oder bituminösen Anstrichen gereinigt werden, da sonst der Zement an den Rohren nicht anhaften könnte. Festsitzender Rost schadet dagegen nicht.

Die Verrohrungslänge wird durch Messen der einzelnen Rohrlängen mit Stahlbandmaß festgestellt, wobei vom Beginn des Muttergewindes bis zum Auslauf des Vatergewindes gemessen wird. Die nicht eingeschraubten Längen der Vatergewinde werden dann beim Einbauen zur Verrohrungslänge hinzugerechnet.

Die Längen der einzelnen Rohre werden der Reihe nach genau notiert, damit man jederzeit weiß, wo eine Gewindeverbindung im Bohrloch anzutreffen ist. Ein genaues Rohrprofil leistet dabei eine schnelle und gute Übersicht und sollte auf keinem Bohrbetriebe fehlen.

Bei tiefen Wassersperren wird es ratsam sein, sämtliche Rohre vor dem Einbauen durch Wasserdruck zu prüfen, und zwar auf Außendruck, wobei auch die Gewindeverbindungen im verschraubten Zustande dem Probedrucke ausgesetzt werden müssen. Man wählt dabei für die untere Bohrlochpartie die vorhandenen stärksten Rohre und geht mit dem Probedruck für die unteren 300—500 m bis 5 % über den entsprechenden Flüssigkeitsdruck des Bohrloches, wobei aus Sicherheitsgründen das spezifische Gewicht der Flüssigkeit zu 1,3 angenommen wird.

Eine transportable Einrichtung für Rohrprüfungen zeigt Abb. 4.

Die Einrichtung besteht aus dem Preßzylinder 1, der an beiden Enden mit Stopfbüchsen 2 und 2a versehen ist und auf den Unterlagen 3 und 3a ruht. Der Zylinder wird am einfachsten aus einem starkwandigen Rohr hergestellt, das im inneren Durchmesser so viel größer als das zu prüfende Rohr ist, daß dieses leicht hindurchgeht. Die Länge A beträgt ca. 6—10 m. Unten ist der Zylinder mit einem Ansatz 4 ausgerüstet, an den das Rohrknie 5 angeschlossen wird. An dieses Knie wird das Doppel-T-Stück 6 angeschraubt, an welchem die Hochdruckschieber 7, 8 und 9 befestigt sind. Schieber 7 ist vermittels Rohrleitung an eine Niederdruckpumpe angeschlossen. Schieber 8 ist mit einem Rohrstück verbunden, das oberhalb eines Saugreservoirs ausmündet und Schieber 9 ist durch eine Rohrleitung mit einer Hochdruckpumpe verbunden. Oben ist der Preßzylinder mit einem Flansch 10 versehen, auf den ein Manometer 11 und Luftabblasehahn 12 mit Rohr 13 aufgeschraubt sind. Die Rollen 14, 14a usw. dienen zur Lagerung und Führung des zu prüfenden Rohrstranges.

Die Einrichtung wird zweckmäßig so hergestellt werden, daß sie leicht transportabel ist, um sie bequem von einer Bohrstelle zur anderen bringen zu können.

Die Handhabung ist wie folgt: Man führt das zu prüfende Rohr in den Preßzylinder 1 ein, wobei durch Aufschrauben eines nicht zu verwendenden Rohrstückes am Anfang des Rohrstranges dafür gesorgt

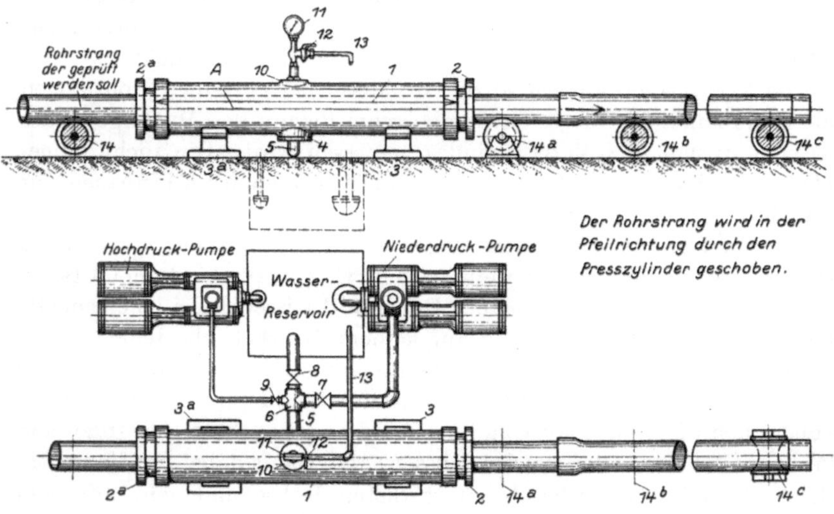

Abb. 4. Rohrprüfeinrichtung.

werden muß, daß das zu prüfende Rohr ganz im Preßzylinder bleibt, also jede Stelle dem Prüfungsdrucke ausgesetzt werden kann. Nach Anziehen der Stopfbüchsen wird bei offenem Luftabblasehahn 12, offenen Schiebern 7 und 8 sowie geschlossenem Schieber 9 vermittels der Niederdruckpumpe, der Preßzylinder so lange mit Wasser angefüllt, bis dieses bei Rohr 13 ausläuft. Nun werden der Hahn 12 und der Schieber 7 geschlossen, dagegen Schieber 9 geöffnet und mit der Hochdruckpumpe durch Einpumpen von weiterem Wasser in den Preßzylinder der erwünschte Prüfungsdruck erzeugt. Hierauf wird Schieber 9 geschlossen und der Druck ca. 3—5 Minuten im Preßzylinder stehengelassen. Während dieser Wartezeit wird ein dünner Blechzylinder, der gerade noch durch den engsten Rohrdurchmesser hindurchgeht, durch das unter Außendruck stehende Rohr geschoben, um etwaige Deformationen feststellen zu können. Gleichzeitig wird durch Beleuchten und Besichtigung des Rohrinnern festgestellt, ob Undichtheiten in der Gewindeverbindung oder Risse vorhanden sind. Während der Wartezeit darf der Probedruck nicht fallen. Die Stopfbüchsen sind daher gut abdichtend herzurichten. Ist die Prüfung des Rohres zur Zufriedenheit abgelaufen, so schraubt man sofort ein weiteres Rohr an das geprüfte an, öffnet Schieber 8 und Hahn 12, damit das Wasser aus dem Preßzylinder ablaufen kann, löst die Stopfbüchsen und schiebt den Rohrstrang weiter durch den Preßzylinder, bis von der schon geprüften Rohrstrecke noch ca. 10 cm im Preßzylinder bleibt. Hierauf werden die Stopfbüchsen wieder angezogen und die Prüfung in der beschriebenen Weise fortgesetzt. Während dieser Zeit wird eine eventuell aus dem Preßzylinder herausstehende geprüfte Gewindeverbindung gelöst und die beiden Enden mit einer gleichlautenden Zahl gezeichnet, damit später beim Einbauen der Rohre in das Bohrloch die im zusammengeschraubten Zustande geprüften Rohre auch wieder richtig zusammenkommen.

Meistens wird die Rohrtour, in der gebohrt wurde, auch als Sperrtour benutzt. Wenn irgend angängig sollten solche Rohre vor Ausführung der Sperre gezogen und einer gründlichen Kontrolle unterworfen werden. Größtenteils wird das Ausbauen der Rohre das Bohrloch nicht gefährden, wenn vorher recht dicke Spülung eingebracht wird. Besteht trotzdem Gefahr, daß starker Nachfall eintreten könnte, so muß die Rohrtour noch im Bohrloch auf ihre Brauchbarkeit untersucht werden.

Dies geschieht in einfacher Weise dadurch, daß ein Holzstopfen, wie auf Abb. 5 dargestellt, bis zum untersten Ende der Verrohrung heruntergebracht wird, wo er nach dem Aufquellen abdichtet. Der Stopfen besteht aus dem Unterteil 1, der auf ca. 300 mm Länge etwas kleiner als der engste Rohrdurchmesser ist. Die andere Hälfte von ca. 500 mm Länge wird ungefähr auf den halben oberen Durchmesser abgesetzt. Oben ist der Unterteil mit einem konischen Loch versehen, in das der Konus 2 schließend paßt. In dem abgeschrägten Teil von 1 sind zwei Löcher eingebohrt, die Verbindung mit der Ausbohrung haben. Konus 2 ist

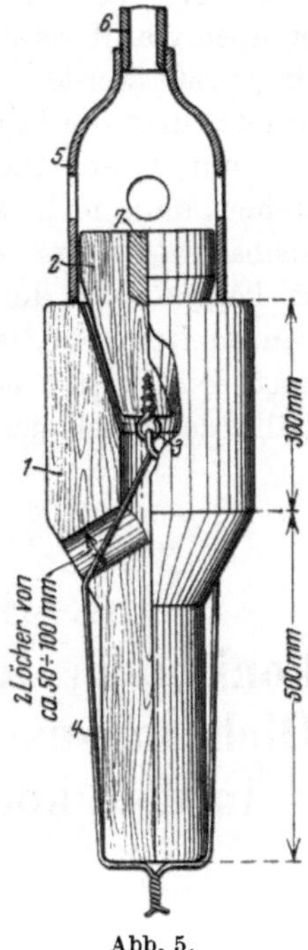

Abb. 5.

durch Holzschraube 3 und Drahtschlinge 4 so am Unterteil befestigt, daß beim Straffziehen der Schlinge eine Ringöffnung zwischen 1 und 2 entsteht von ca. 10—15 mm.

Der Stopfen muß aus trockenem, stark quellendem Holz hergestellt

sein. Das Einlassen des Stopfens muß möglichst rasch erfolgen, damit
dieser nicht schon evtl. unterwegs in den Rohren fest wird. Es ist
daher ratsam, die Quellzeit des Holzes, aus dem der Stopfen gefertigt
ist, vorher über Tage festzustellen. Ein Mittel zur Verlangsamung des
Quellens besteht darin, daß die Stirnflächen des Stopfens mit Paraffin
bestrichen werden.

Das Einlassen oder vielmehr das Herunterdrücken des Stopfens geschieht mit dem Gestänge 6, an dem eine Rohrpulle 5 befestigt ist, die
mit einigen Löchern für den Wasseraustritt versehen sein muß. Beim
Herunterdrücken des Stopfens wird die Flüssigkeit durch die Löcher
des Unterteils eindringen, den Konus anheben und über den Stopfen
steigen, so daß der Stopfen ohne Schwierigkeit nach unten gelangen kann.

Ist der Stopfen bis zur Bohrlochsohle heruntergebracht worden, so
wird die Verrohrung ca. 300—400 mm angehoben, also nur so hoch,
daß der obere, größere Durchmesser des Stopfens noch in der Verrohrung bleibt. Beim Aufsetzen des Stopfens wird der durch Bleieinguß 7
beschwerte Konus die Bohrung des Unterteils schließen. Durch Einpumpen von Wasser in das Gestänge kann der Konus fest in die Bohrung
eingepreßt werden. Ist der Stopfen aufgequollen, so daß er abdichtet,
so setzt man die Rohrtour einem inneren Überdruck von ca. $10 \div 50$ atm
aus, um sie auf Dichtheit zu prüfen. Bleibt dieser Druck 30 Minuten
stehen, ohne mehr als 10% abzufallen, so kann die Sperre ohne Rohr-
ausbauen gewagt werden. Ist größerer Druckabfall zu verzeichnen,
so kann öfters durch vorsichtiges weiteres Zusammenschrauben der
ganzen Rohrtour, wobei die Verrohrung auf der Sohle aufstehen muß,
noch Dichthalten erreicht werden. Gelingt dies nicht, so muß auf alle
Fälle das Ausbauen erfolgen.

Zweiter Abschnitt.

A. Sperren mit der Rohrtour, konischem Rohrschuh und Hinterpressen des Dichtungsmaterials nebst Absetzen der Rohrtour in dem konisch vorgebohrten Bohrlochteil.

1. Der Rohrschuh.

Gewöhnlich wird dem Rohrschuh oder dem untersten Teil des ersten
Rohres eine Form gegeben, wie sie aus Abb. 6 ersichtlich ist. Diese
Form ist zur Ausführung von Sperren grundfalsch. Solch ein Schuh
kann niemals lang dichten, wenn er überhaupt abdichtet. Die untere
schmale Partie, die an der Bohrlochwand anliegt, ist viel zu klein an

Fläche, um dem auftretenden Flüssigkeitsdrucke auf die Dauer stand-
zuhalten. Weiter besteht noch die Gefahr, daß beim Tieferbohren durch
Anschlagen des Bohrzeugs unterhalb des Schuhes an die Bohrlochwand

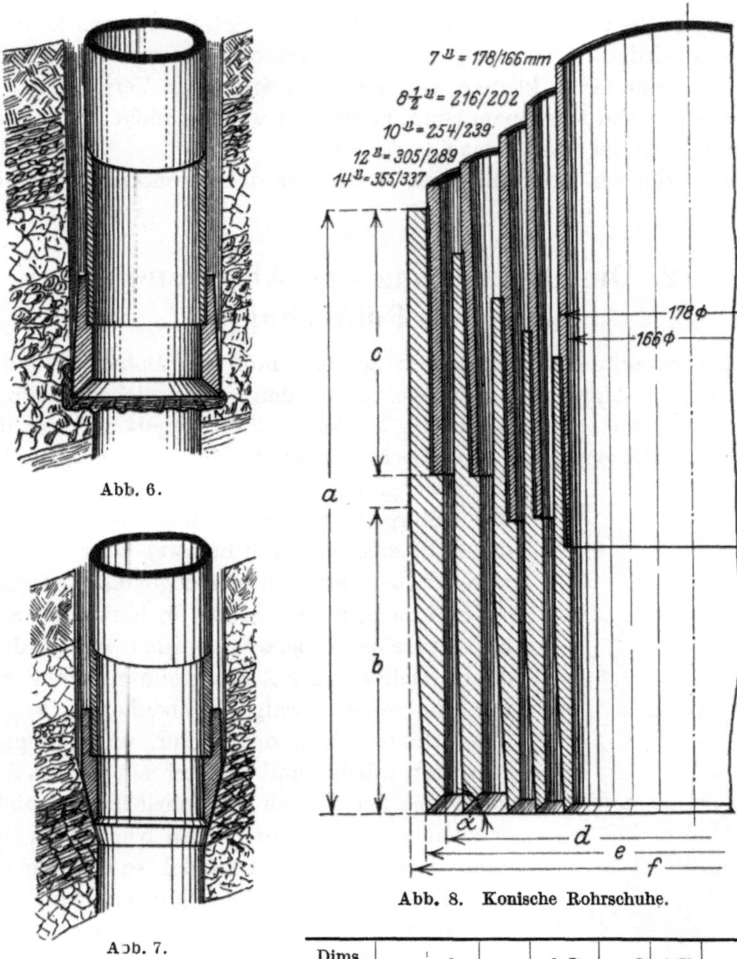

Abb. 6.

Abb. 7.

Abb. 8. Konische Rohrschuhe.

Dims. Zoll	a	b	c	d Ø	e Ø	f Ø	α
14	400	200	175	330	352	369	45°
12	370	160	150	283	304	317	45°
10	340	140	150	234	248	265	45°
8½	320	120	125	198	212	227	45°
7	300	100	125	163,5	178	187	45°

kleine Gebirgsteile ab-
bröckeln und hierbei Öff-
nungen entstehen, die
durch das durchsickernde
Wasser schnell vergrößert
werden, wobei die Sperre in kurzer Zeit unbrauchbar wird. Dies
gilt selbst dann, wenn das Bohrloch auch schon mit der nächstfolgenden Verrohrung ausgekleidet ist, da in solchen Fällen während

des Bohrens diese Verrohrung an den Schuh der Sperrtour schlägt und die Sperre zerstört.

Die richtige Form eines Abdichtrohrschuhes zeigt Abb. 7. Der Schuh ist ca. 30—40 cm lang. Die oberen 15—20 cm sind zylindrisch, während von hier ab bis zum unteren Ende der Schuh schwach konisch abgedreht wird, und zwar so, daß das unterste Ende etwa 10—20 mm im Außendurchmesser kleiner wird als bei Beginn der Verjüngung.

Der Schuh soll aus zähem Stahl hergestellt werden, nicht geschweißt sein und nicht zu hart gemacht werden.

Abb. 8 gibt für Bohrrohre von 7—14″ die dafür benötigten Schuhformen an.

2. Die Herrichtung der Absetzstelle für den Rohrschuh.

Bei Verwendung des konischen Schuhes muß das Bohrloch in der Absetzstelle entsprechend hergerichtet werden. Im weichen Gebirge wird einfach mit einem kleineren Meißel 1—2 m vorgebohrt und die Rohrtour in das enger gebohrte Loch eingesetzt. Meistens genügt dabei das Eigengewicht der Verrohrung, um sich in das Gebirge fest einzudrücken. Ist dies nicht der Fall, so kann durch Belasten oder vorsichtiges Preßen der Rohre nachgeholfen werden.

Soll dagegen der Schuh in härterem oder hartem Gebirge abgesetzt werden, so erfordert die Herrichtung der Absetzstelle größere Sorgfalt, da sonst etwaige Unebenheiten wegen ihrer Härte durch den Schuh nicht weggeschnitten würden und dadurch ein dichtes Anliegen des Schuhes an die Bohrlochwand nicht erreicht werden könnte. Man benutzt hierbei einen immer kleineren Meißel, so daß auf ca. 0,5—1 m Länge die Bohrlochverjüngung der Konizität des Rohrschuhes entspricht. Verwendet werden dabei nicht zu harte Meißel, so daß sie nach ca. 100—150 mm Abbohren etwa 2—4 mm abnutzen. Der nächste Meißel wird dann nur noch auf das Maß des vorhergehenden hergerichtet usw., bis daß der entsprechende Bohrlochdurchmesser erreicht ist.

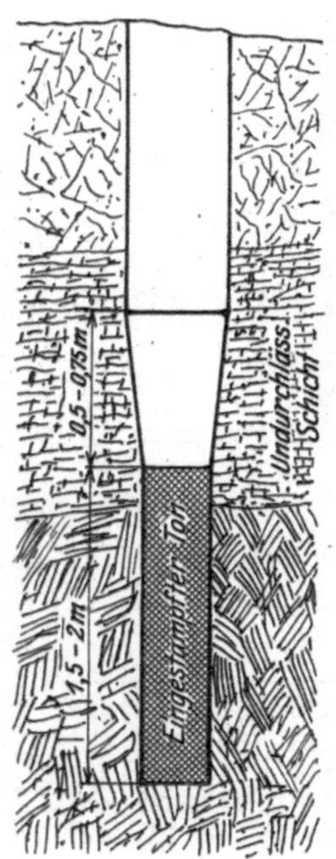

Abb. 9.

Nun wird nach vorläufigem leichten Einsetzen der Verrohrung in die Absetzstelle noch ca. 1¹/₂—2 m vorgebohrt und der vorgebohrte Teil sofort mit festem Ton verschlagen (s. Abb. 9).

Beim Bohren mit Exzentermeißel wird nur die Nachschneide auf die beschriebene Weise behandelt.

Bei Rotationsbohrung kann der verjüngte Teil des Bohrlochs durch Bohrer hergestellt werden, wie sie auf Abb. 10 und 10a dargestellt sind. Ist die Bohrung nachfallfrei, so daß keine Verrohrung mitgeführt zu werden braucht, so kann ein Bohrer nach Abb. 10 angewendet werden. Muß dagegen die Herstellung des konischen Teiles bei mitzuführender Verrohrung erfolgen, so benutzt man einen Exzenterbohrer, wie ihn Abb. 10a zeigt.

Vor Verwendung des Exzenterbohrers muß zunächst ein der Vorbohrschneide entsprechendes Loch vorgebohrt werden, um Führung für den Exzenterbohrer zu bekommen. Das Vorbohren kann durch Meißel oder Krone erfolgen, es muß aber dabei dafür gesorgt werden, daß es in der Mitte des Bohrlochs erfolgt, was z. B. durch Einschalten eines Nachnahmebohrers oberhalb des Meißels bzw. der Krone erreicht werden kann.

Die Bohrer eignen sich für nicht zu harte Schichten.

Die beschriebene Bohrlochherrichtung und die Anwendung des konischen Schuhes ist hauptsächlich bei Gebrauch von Ton oder Sand als Dichtungsmaterial nötig. Bei Verwendung von Zement wird der konische Schuh nur selten benötigt werden, und zwar nur dann, wenn man ein vollständiges Erhärten des Zementes nicht abwarten will, um schon vorher weiterbohren zu können.

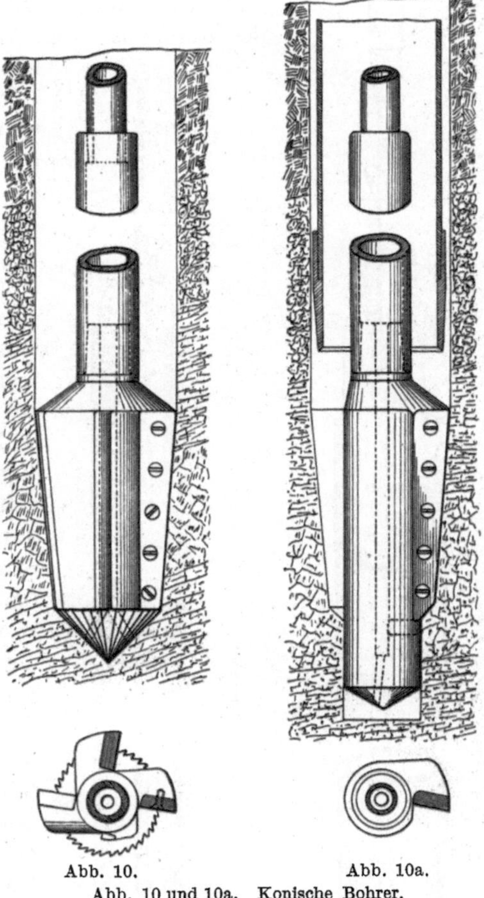

Abb. 10.   Abb. 10a.

Abb. 10 und 10a.   Konische Bohrer.

3. Die Tonhinterpressung.

Die primitivste Art des Einbringens von Ton in das Bohrloch besteht darin, daß man Kugeln von 5—10 cm Durchmesser formt, diese trocknen

läßt und dann in längeren und kürzeren Zeitabschnitten eine nach der
anderen in das bis oben mit Wasser gefüllte Bohrloch wirft. Diese
Arbeit ist neben der Umständlichkeit auch sehr zeitraubend. Der dabei beabsichtigte Zweck, den Ton in
fester Form auf der Bohrlochsohle verwenden zu
können, wird speziell bei tiefen Bohrlöchern nicht
erreicht, da die Tonkugeln während der langen Dauer
des Abfallens vom Wasser durchtränkt und aufgelöst werden.

Schneller und besser geht es,
wenn der Ton ganz dick angerührt
mit Büchsen eingelassen wird, wie
sie auf Abb. 11 und 11a dargestellt
sind.

Die Büchse auf Abb. 11 wird
hauptsächlich in Nordamerika verwendet. An einem ca. 10—15 m
langen Rohre 9 ist unten der Schuh
10 mit dem Sitz für das Ventil 11
angenietet. Das Ventil 11 ist durch
Seil 8 mit der Muffe 7 an die Stange
4 gekuppelt, die in dem Bügel 6
geführt wird und mit der Verbindung 3 und der Seilhülse 2 am
Schlämmseil 1 hängt. Die Stange 4
ist mit einer Federklinke 5 ausgerüstet. Beim Gebrauch läßt man
die Büchse zunächst bis zum Bügel 6 ins Bohrloch ein, wobei Ventil 11 geschlossen ist, füllt hierauf
die Tonbrühe in die Büchse und
fährt nun langsam damit bis zur
Sohle. Beim Aufstoßen daselbst
geht die Stange 4 mit Klinke 5
bis unter den Bügel 6, worauf die
Klinke ausspringt und beim Hochziehen die Büchse anhebt, ohne
dabei das Ventil 11 zu schließen,
so daß die Büchse sich entleeren
muß. Vor dem erneuten Auffüllen
wird zunächst die Klinke 5 durch

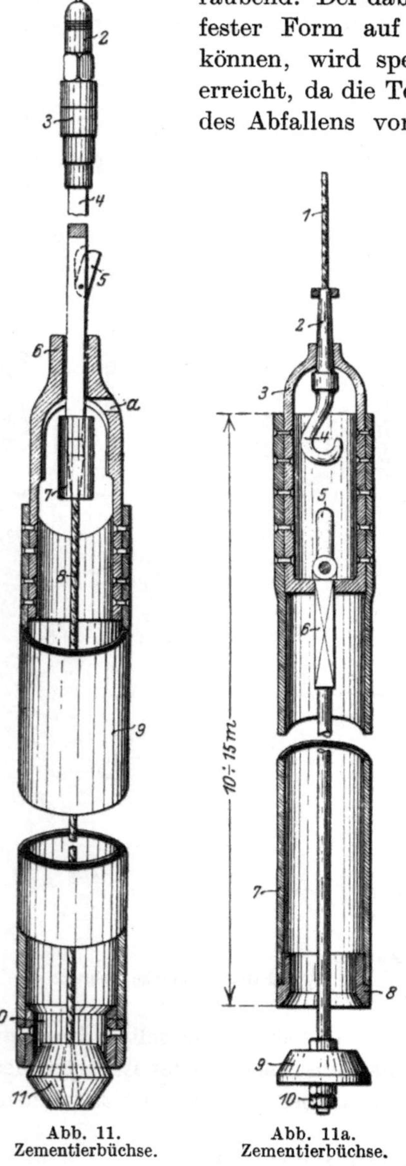

Abb. 11.
Zementierbüchse.

Abb. 11a.
Zementierbüchse.

die Öffnung a im Bügel 6 zurückgedrückt, so daß die Stange 4 hochgezogen werden kann und dabei Ventil 11 geschlossen wird.

Die Büchse auf Abb. 11a ist deutschen Ursprunges[1]) und wird in Ländern verwendet, wo auch deutsches Bohrmaterial im Gebrauch ist. Auch bei dieser Büchse wird ein Rohr 7 von 10—15 m Länge verwendet, das unten mit Schuh 8 versehen ist, in welchem Ventil 9 schließend paßt. Das Ventil ist mit Mutter 10 an der Stange 6 befestigt, die mit ihrem oberen vierkantigen Ende in Bügel 3 geführt wird. An dieser Stange ist oben die Öse 5 beweglich angebracht. Die Büchse hängt mit dem Bügel auf einem Ansatz des Hakens 4, der mit der Seilhülse 2 verschraubt ist und somit am Schlämmseil 1 hängt. Beim Gebrauch wird die Öse 5 in den Haken 4 eingehangen, wobei Ventil 9 die Büchse schließt. Nach Anfüllung mit Ton wird die Büchse langsam bis zur Sohle eingelassen. Beim Aufstoßen auf die Sohle rutscht Haken 4 aus der Öse 5, wobei sich diese durch Abgleiten an der Schräge des Hakens gegen die Büchse lehnt und somit beim Hochziehen des Hakens von diesem nicht mehr gefaßt wird, so daß sich die Büchse entleeren kann. Vor erneutem Anfüllen muß natürlich der Haken in die Öse wieder eingehängt werden.

Die Büchsen müssen langsam zur Sohle gefahren werden, hauptsächlich, wenn Dickspülung im Bohrloch steht, da bei schnellem Einfahren der Flüssigkeitswiderstand ein vorzeitiges, unerwünschtes Ventilöffnen herbeiführen würde.

Hat man ca. 10—15 m Tonbrei ins Bohrloch gebracht, so wird zunächst die Verrohrung probeweise in dem verjüngten Bohrlochteil abgesetzt. Dies muß sehr vorsichtig geschehen, damit sich der Schuh nicht festklemmt, also das Eigengewicht der Verrohrung darf nicht ganz auf den Schuh drücken, sondern muß im Flaschenzug abgefangen werden. Hat man festgestellt, wo die Rohre aufstehen, so wird über Tage ein Zeichen an der Rohrtour gemacht, um später zu wissen, wo die Rohre gestanden haben. Nun werden die Rohre ca. 40 cm hochgezogen und hierauf ein Holzkolben, wie auf Abb. 12 ersichtlich, bis auf den Tonbrei gebracht[2]). — Der Holzkolben besteht aus dem Unterteil 7, welcher der Länge nach durchbohrt ist. Auf diesem ist der Oberteil 5 durch die Verlängerungsstangen des Bügels 1 befestigt. Zwischen beiden Teilen liegt die Ledermanschette 6. Im Bügel 1 wird der Stift 2 geführt, der mit Kugel 4 verbunden ist, die durch Feder 3 auf den Sitz des Oberteils 5 gepreßt wird. Durch den Kolben gehen zwei $1/_2$—1″-Röhrchen 9, die unten durch die Kugeln 10 verschlossen werden. Die Kugeln werden durch die Anschlagstifte 11 am Herausfallen gehindert.

---

[1]) Fabrikat der Maschinen- und Bohrgerätefabrik A. Wirth & Co., Erkelenz/Rheinland.

[2]) Das Herunterdrücken des Tonbreies ohne Kolben nur mit Wasser allein würde öfters Mißerfolge zeitigen, da das Wasser sich Kanäle durch den Tonbrei schaffen könnte, wobei dann der größte Teil des Tones in der Verrohrung zurückbleiben würde.

Beim Einlassen treibt die in die Bohrung des Kolbens eintretende Flüssigkeit die Kugel 4 vom Sitz hoch, so daß der dichtschließende Kolben ohne Schwierigkeit nach unten gleiten kann. Beim Ausholen werden dagegen die Kugeln 10 durch den Druck der Flüssigkeit von den Sitzen geschlagen, so daß die Verbindung zwischen oberhalb und unterhalb des Kolbens hergestellt ist und der Kolben leicht herausgeholt werden kann. Vor dem Einlassen kann man die Kugeln 10 mit plastischem Ton an ihren Sitzflächen festhalten, um ein sicheres Dichthalten für das spätere Pressen zu ermöglichen.

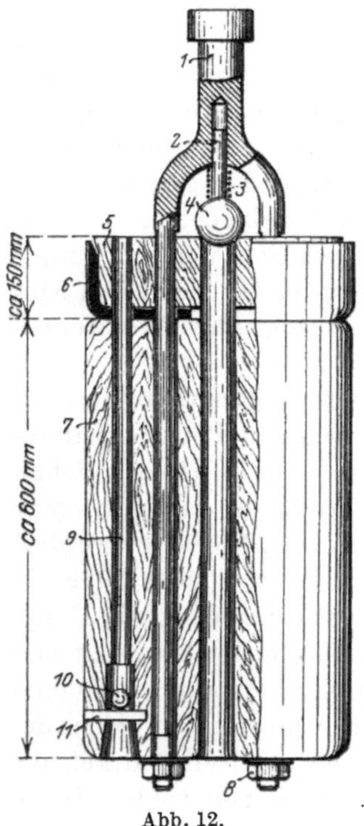

Abb. 12.

Der Kolben muß in nassem, aufgequollenem Zustande verwendet werden, um ein Festwerden in der Verrohrung zu vermeiden. Außer Gebrauch muß der Kolben unter Wasser gehalten werden, damit er nicht austrocknet.

Das Einlassen des Kolbens bis auf den Tonbrei geschieht mit Hilfe des Bohrgestänges oder eines Seiles, das unten mit einer Schwerstange beschwert ist. Bei Verwendung eines Seiles darf das Einbauen nicht zu schnell erfolgen, da sonst durch Stehenbleiben des Kolbens sehr leicht Seilverklemmungen im Bohrloch hervorgerufen werden könnten. Das Gestänge und speziell das Seil müssen genau gemessen werden, damit man den Kolben an der richtigen Stelle, also auf dem Tonbrei, absetzen kann. Ist der Kolben auf dem Ton abgesetzt worden und das Gestänge resp. das Seil wieder herausgeholt[1]), so wird die Verrohrung über Tage mit der Pumpendruckleitung verbunden und Wasser eingepreßt. Hierbei dichtet die Ledermanschette den Kolben in den Rohren ab, so daß bei Drucksteigerung der Kolben den Tonbrei hinter die Rohre pressen muß. Ist aller Ton hinter die Rohre gelangt, so stößt der Kolben auf die Sohle auf, was sich sofort durch schweren Pumpengang resp. Stillstand der Pumpe bemerkbar macht. Nun wird die Verrohrung bis zu dem vorher gemachten Zeichen abgesetzt und langsam im Flaschenzug oder besser durch Schraubenwinden millimeterweise tiefer gelassen, bis der Schuh fest aufsteht. Nach Herausziehen des Kolbens, was mit Hilfe eines Klappen- oder Federfängers

---

[1]) Bei Verwendung einer entsprechenden Stopfbüchse kann das Gestänge bzw. Seil mit dem Kolben verbunden bleiben.

geschieht, wird die Verrohrung über Tage ordnungsgemäß abgefangen, worauf die Kontrolle der Sperre beginnen kann. Die Beschreibung der Kontrolle erfolgt im dritten Abschnitt.

An Stelle des durch Abb. 12 dargestellten Holzkolbens, kann auch ein Metallkolben verwendet werden, wie ihn Abb. 12a zeigt.

Derselbe besteht aus dem Unterteil 1, in den der konische Oberteil 2 schließend paßt. Teil 2 ist unten mit Gewindestopfen 3 gut verschlossen und oben mit Stopfbüchse 4 gegen das Rohrstück 5 abgedichtet. Der Ringansatz 6 dient als Auflagerung für Feder 7, die oben gegen Teil 2 drückt, so daß dieser dauernd von Teil 1 abgehoben wird. Das Rohrstück 5 ist oben in die Verbindung 8 eingeschraubt, die wiederum mit der Rohrpulle 9 am Unterteil 1 angeschraubt ist. Im Verbindungsstück 8 ist oben linksgängiges Gewinde eingeschnitten, das als Anschluß für das Hohlgestänge 10 dienen soll. Unterteil 1 ist mit Ledermanschette 11 ausgerüstet, die durch den Zwischenring 12 und Gewindering 13 festgehalten wird.

Bei der Verwendung wird der Kolben an einem Hohlgestänge eingelassen, dessen unterste Stange mit einem Loch a von ca. 5 mm Durchmesser versehen ist, um beim Einlassen und Ausholen dem Wasser freien Ein- bzw. Austritt zu gewähren. Die Feder 7 drückt Teil 2 dauernd vom Sitz des Unterteils 1 ab, so daß beim Einlassen oder Ausholen das Wasser von unten durch den Kolben nach oben und umgekehrt frei passieren kann. Ist der Kolben noch ca. 2 m von der Tonbrühe entfernt, so schraubt man die Stopfbüchse auf die Verroh-

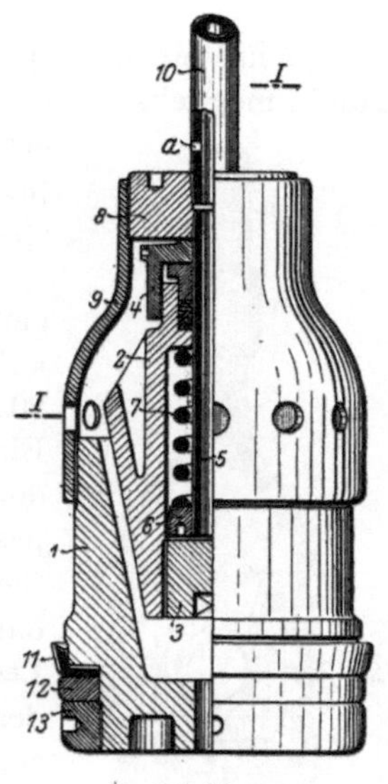

Schnitt I-I

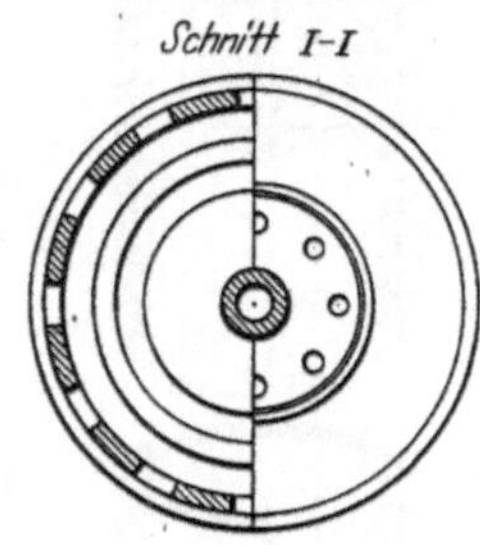

Abb. 12a. Metallkolben zum Tonhinterpressen.

rung. Bei Verwendung von Muffengestänge wird als letzter oberster Gestängezug Nippelgestänge genommen, um damit ungehindert durch die Stopfbüchse zu kommen. Nun wird Wasser in das Gestänge gepumpt, wodurch der konische Oberteil 2 auf Teil 1 gepreßt wird und abdichtet. Gleichzeitig wird Wasser in die Verrohrung gepumpt, das auf den Kolben drückt, dieser auf den Tonbrei den Druck fortpflanzt und den Ton hinter die Verrohrung preßt. Das Gestänge bleibt dabei lose in der Förderrolle hängen und wird dem Hinterpressungsfortschritt entsprechend nachgelassen. Der Kolben sollte nur durch Wasserdruck auf den Tonbrei zur Wirkung gebracht werden, damit die Ledermanschette durch Anpressen an die Verrohrung abdichtet und dabei verhindert, daß Ton über den Kolben kommt.

4. Verwendung von plastischem Ton.

Bei hartem und spaltenreichem Gebirge wird die Anwendung von Ton in möglichst festem, nicht breiigem Zustande als Dichtungsmaterial erwünscht sein. Die Einbringung von Ton in plastischem Zustande erfolgt am besten vermittels einer Büchse, wie sie Abb. 13 darstellt.

Die Büchse besteht aus einem ca. 3—5 m langen, starkwandigen Rohre 1, das innen etwas kalibriert ist. Unten ist das Rohr auf einen 10 bis 20 mm kleineren Durchmesser eingezogen, um beim Einlassen das Herausfallen des Tones zu verhindern. Oben ist das Rohr mit Gewinde versehen, passend für eine Rohrpulle 2, die Gewindeanschluß für ein Spülbohrgestänge 3 oder für starke Röhren hat. In der Büchse ist ein Kolben 4 mit einer Ledermanschette schließend eingepaßt und wegen der Handlichkeit mit Bügel 5 versehen, der gleichzeitig die Manschette zwischen den beiden Kolbenteilen festhält. In der Rohrpulle 2 ist noch eine Rückschlagventilanordnung angebracht, die beim Einlassen den Flüssigkeitseintritt in das Gestänge ermöglichen soll. Sie besteht aus dem Flansch 6 mit Klappe 7, die mit Leder gefüttert und am Bolzen 8 drehbar angeordnet ist. Der Nocken 9 soll ein zu weites Ausschlagen der Klappe verhindern.

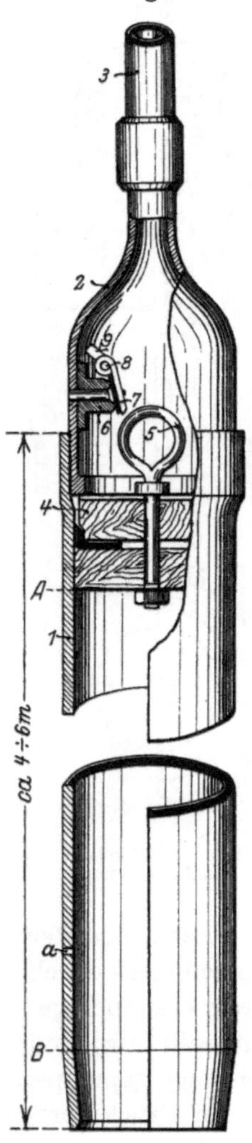

Abb. 13.
Büchse mit Kolben zum Einbringen von festem Ton.

Beim Gebrauch wird die Büchse nach Abschraubung der Rohrpulle 2 und Herausnahme des Kolbens 4 in senkrechter Stellung mit möglichst reinem, fettem und festem Ton bis zur Linie *A* gefüllt. Zu beachten ist hierbei, daß die unteren 30 cm des Tones in der Büchse fest angestampft werden, damit der darüberstehende Ton eine Brücke erhält, die ihn am Herausfallen hindert. Hierauf wird der Kolben eingesetzt, die Rohrpulle aufgeschraubt und die Büchse am Gestänge in das bis obenan gefüllte Bohrloch zur Sohle eingelassen. Nun preßt man unter langsamem Hochziehen des Gestänges den Ton mittels Wassers, das von einer an das Gestänge angeschlossenen Druckpumpe gefördert wird, aus der Büchse. Hat der Kolben den Punkt B erreicht, ist also die Büchse entleert, so bleibt er auf der Rohrverjüngung stehen, was sich durch Drucksteigerung am Pumpenmanometer kenntlich macht und als Zeichen zum Abstellen der Pumpe gilt.

Nach Herausholen der Büchse wird zunächst ein Stampfer eingelassen und der Ton im Bohrloch festgestampft, wobei die Rohre langsam hochgezogen werden, damit der Ton aus den Rohren austreten kann und an der Bohrlochwand durch das Stampfen zum festen Anliegen kommt. Hierauf wiederholt man den geschilderten Arbeitsvorgang, bis ca. 10—15 m Ton im Bohrloch angestampft ist, worauf die Verrohrung in den Ton eingesetzt resp. vorsichtig eingepreßt wird. Vorher ist natürlich erst ein Zeichen für die Absetzstelle an der Verrohrung gemacht worden, damit man genau weiß, wann der Schuh im Gebirge aufsteht. Das Einpressen muß vorsichtig vorgenommen werden, damit keine Rohrknickungen vorkommen. Um das Eindringen der Verrohrung in den Ton zu erleichtern, wird der Ton schrittweise aus der Verrohrung ausgebohrt, wobei man aber immer ca. 1 m von dem Rohrschuh mit dem Meißel entfernt bleiben muß, um speziell bei Spülbohrung eine Erweichung des Tones unterhalb des Schuhes zu verhindern.

5. Tonhinterpressung vermittels Pumpe und Hohlbohrgestänge.

Die unter 3 und 4 beschriebenen Arten der Tonhinterpressung bereiten Schwierigkeiten, falls Nachfallbildung vorhanden ist und in kurzer Zeit eine verhältnismäßig große Menge von Ton hinterpreßt werden soll.

In solchen Fällen verwendet man eine Druckpumpe, die durch ein Hohlbohrgestänge oder andere starkwandige Röhren von ca. 40—60 mm lichtem Durchmesser, welche innerhalb der Verrohrung bis zur Sohle eingelassen werden, den Tonbrei durchpumpt und hinter der Verrohrung hochpreßt.

Die Anordnung für diese Arbeitsmethode ist aus Abb. 14 ersichtlich.

Im Mischbottich 1 wird die nötige Tonmenge aufgelöst und in möglichst dickflüssigem Zustande bereitgehalten. Der Mischbottich ist mit einer Ausflußöffnung versehen, die durch das Brettchen 2 reguliert werden kann. Außerdem ist die Ausflußöffnung noch mit einem Drahtgewebe von ca. 3—5 mm Maschenweite versehen, um größere Verunreinigungen abzuhalten. Vor der Ausflußöffnung des Mischbottichs und etwas tiefer gelegen befindet sich der Saugkasten 3, aus welchem der

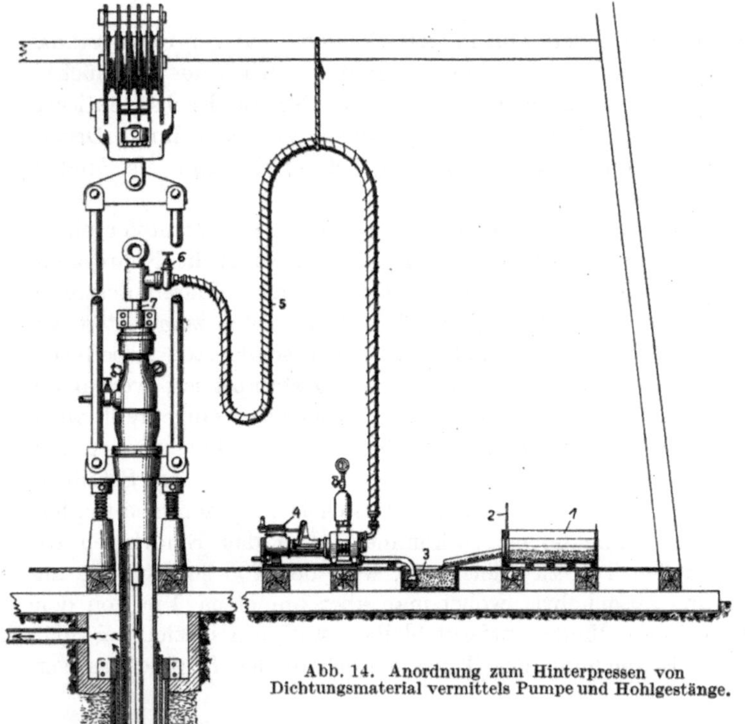

Abb. 14. Anordnung zum Hinterpressen von
Dichtungsmaterial vermittels Pumpe und Hohlgestänge.

Tonbrei durch Pumpe 4 angesaugt und vermittels Schlauch 5, Schieber 6 und Hohlgestänge 7 hinter die Verrohrung gepreßt wird.
(Der am untersten Ende des Gestänges befindliche Kolben 8 wird nur bei Zementhinterpressungen mitverwendet.)

Die Verrohrung ist oben mit einer Stopfbüchse verschlossen, wie sie auf Abb. 15 dargestellt ist. Eine genaue Beschreibung erübrigt
sich wohl, da die Form als bekannt angenommen werden kann. Erwähnt soll nur werden,
daß sie mit einem Manometer 1, einem Luftablaßventil 2 und Schieber 3 versehen ist. Der
Schieber wird öfters bei Ausführung von
Grundwassersperren und Reparaturen benötigt
werden.

Der Arbeitsvorgang mit der Einrichtung ist
der folgende. Im Mischbottich 1 wird die benötigte Tonmenge zu solch einem dickflüssigen
Brei aufgelöst, daß er eben noch von der Pumpe

angesaugt werden kann. Die Anrührung des Tonbreies geschieht von Hand aus mit Mörtelhacken unter evtl. Mithilfe von Dampf oder maschinell durch eine entsprechende Flügelmischeinrichtung. Hat man die erforderliche Menge Tonbrei bereit, so wird das Gestänge bis zur Sohle eingelassen, wobei die oberste Stange am besten eine Nippelstange ist, damit die Anbringung der Verrohrungsstopfbüchse keine Schwierigkeiten macht. Nachdem die Rohre bis oben an mit

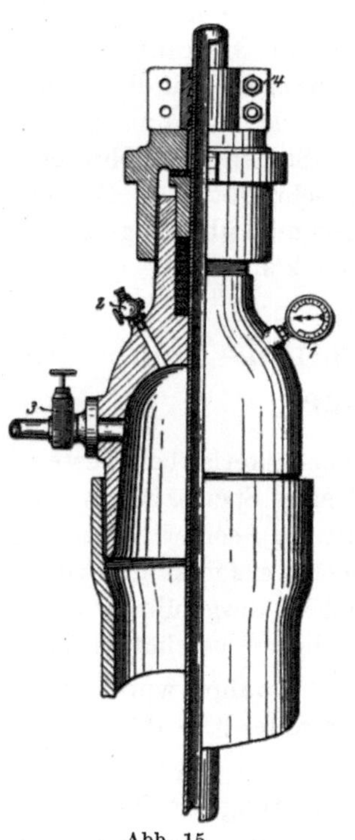

Abb. 15.
Rohrstopfbüchse für Hohlgestänge.

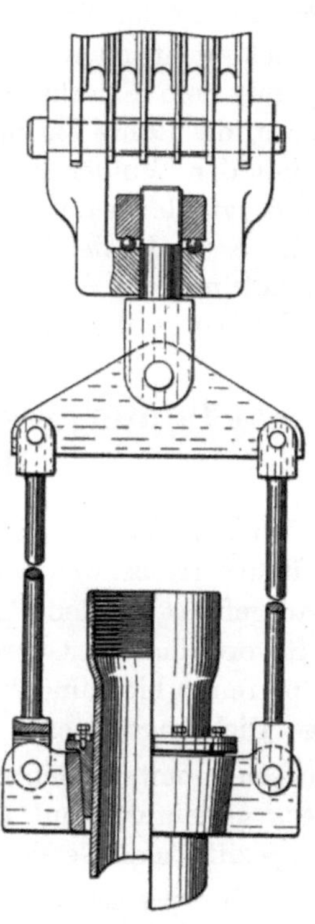

Abb. 16.
Rohrgehänge.

Wasser gefüllt sind, wird die Stopfbüchse aufgeschraubt und das Gestänge nach Anheben von ca. 50 cm ab Sohle, über der Stopfbüchse mit Schelle 4 abgefangen. Nun wird die Verrohrung mit Hilfe eines Rohrgehänges, wie es auf Abb. 16 gezeigt wird, ca. 50 cm angehoben, die Pumpe angestellt und zunächst Wasser hinter die Verrohrung gepumpt, um freien Austritt zu erhalten. Gelingt dies nicht sofort, so muß mit den Rohren auf und ab gefahren werden unter gleichzeitigem Drehen dieser, bis die Pumpe ohne Schwierigkeit den Wasserstrom außerhalb der Verrohrung hochpressen kann. Beim Beginn des Einpumpens von Wasser muß das Luftablaßventil an der

Stopfbüchse der Verrohrung so lange geöffnet sein, bis sämtliche Luft entwichen ist und Wasser ausströmt. Sind die Rohre freigespült, so werden sie auf ca. 50 cm ab Sohle gefahren und mit der Keilklemme des Rohrgehänges auf Schraubenwinden abgesetzt, worauf noch während des Wasserpumpens Tonbrei in den Saugkasten geleitet und aus diesem hinter die Verrohrung gepreßt wird.

Ist die vorher bestimmte Menge von Tonbrei hinterpreßt oder mußte schon früher mit der Tonzufuhr aufgehört werden, weil die Pumpe den Gegendruck nicht mehr überwältigen konnte, so hebt man die Verrohrung mit dem Flaschenzug an, entfernt die Schraubenwinden und läßt hierauf die Rohre bis zum Merkstrich hängen. Durch erneutes Abfangen mit den Winden an dem Merkstrich ist man nun in der Lage, die Rohre evtl. langsam tiefer zu setzen. Stehen die Rohre endgültig fest auf, so wird die Stopfbüchse abgeschraubt, das Hohlgestänge herausgeholt und die Verrohrung ordnungsgemäß über Tage abgefangen, worauf die Kontrolle der Sperre beginnen kann.

6. Sandhinterpressung vermittels Pumpe und Hohlgestänge.

Die Verwendung von Sand als Dichtungsmaterial bei Wassersperren ist im Bohrbetriebe wenig bekannt und sind Sperrarbeiten mit Sand selten ausgeführt worden. Trotzdem sollte man seiner nicht vergessen, da er oft vorteilhaft in Gebrauch genommen werden kann, insbesondere wenn Sperren in bituminösen Gebirgsschichten ausgeführt werden sollen und das Dichtungsmaterial leicht und billig zu beschaffen ist.

Wie schon unter Dichtungsmaterialien erwähnt wurde, wird feinkörniger, gesiebter Sand (Siebmaschinenweite 0,1—0,5 mm) von ca. 2—2,5 spezifischem Gewicht verwendet.

Zum Hinterpressen kann dieselbe Einrichtung wie für Ton benutzt werden, nur daß kein Mischbottich benötigt wird. Die Pumpe soll möglichst nur eine geringe Saughöhe oder besser gar keine zu überwinden haben. Nach Freispülen der Verrohrung wird der Sand, um schädliche Ablagerungen auf Sohle und Verstopfungen im Gestänge zu vermeiden, in kleineren Mengen (auf 100 l Wasser ca. 10—20 l Sand) in den Saugkasten gebracht und mit einem Spaten usw. gleichmäßig unter das Saugrohr geschoben, da er sonst von der Pumpe nicht angenommen würde. Der Saugkasten wird dabei dauernd durch Zulauf von reinem Wasser bis obenan gefüllt gehalten. Das Hinterpressen muß möglichst rasch vor sich gehen, damit keine störenden Sandablagerungen entstehen. Aus demselben Grunde muß auch die Wassergeschwindigkeit möglichst groß sein.

Je nach Beschaffenheit des Bohrloches gelingt es, 50 und mehr Meter Sandhöhe hinter die Verrohrung zu pressen, manchmal aber auch nur 20—30 m, was jedoch auch genügend ist, da Versuche gezeigt haben, daß selbst dünnere, feinkörnige Sandschichten nur äußerst schwer und nur anfänglich vom Wasser durchsickert werden. In der amerikanischen Bohrliteratur wird von einem Fall berichtet, wo 12,5 m Sandpackung hinter einer Verrohrung dem Druck einer 500 m hohen Wassersäule noch nach 13 Jahren standhielt.

Während der Hinterpressung darf keine wenn auch nur kurze Unterbrechung der Pumpenarbeit stattfinden, da sich dabei der Sand setzen würde und nicht mehr in Bewegung zu bringen wäre.

Ist genügend Sand hinter die Rohre gepreßt worden, oder zeigt das Pumpenmanometer dauernd Drucksteigerung an, die auf baldige Erreichung des Pumpenhöchstdruckes schließen läßt, so wird das Gestänge mit reinem Wasser ausgespült, wobei schon während des Einpumpens von Wasser in das Gestänge die Verrohrung abgesetzt wird, damit möglichst zwischen Schuh und Gebirge kein Sand verbleibt. Nach ca. 10stündiger Wartezeit auf das Absetzen des Sandes kann die Kontrolle der Sperre vorgenommen werden, wobei nach zufriedenstellendem Ausfall dieser sofort weitergebohrt wird.

Richtig ausgeführte Sandhinterpressungen werden immer ein Gelingen der Sperren zeitigen.

Sandhinterpressungen können nur vermittels der Hohlgestängemethode ausgeführt werden, da man nur bei dieser Methode jederzeit in der Lage ist, die Sandzufuhr zu regeln resp. ganz wegzulassen und durch Einpumpen von reinem Wasser Verstopfungen und hindernde Ablagerungen zu vermeiden.

Es sei nochmals daran erinnert, daß mit Sand ausgeführte Sperren nur schwer oder meistens gar nicht mehr zu lösen sind.

7. Zementhinterpressung vermittels Pumpe und Hohlgestänge.

Für die Zementhinterpressung kann dieselbe Einrichtung wie bei Ton benutzt werden, nur benötigt man meistens zwei Mischbottiche und bei schwierigen Arbeiten auch wohl zwei Pumpen.

Weiter wird bei Zementhinterpressungen am unteren Ende des Hohlgestänges noch ein Kolben 8 (s. Abb. 14) verwendet, dessen Konstruktion aus Abb. 17 zu sehen ist. Derselbe ist zusammengestellt aus dem Oberteil 3 und dem Unterteil 4, zwischen denen die Ledermanschette 5 liegt. Das Zusammenhalten beider Teile wird durch Rohr 2 und die Gewindeflanschen 6 und 6a bewerkstelligt. Am oberen Ende des Rohres 2 ist der Gewindeanschluß für das Hohlgestänge bestimmt, am unteren Ende wird eine Rohrpulle 11 aufgeschraubt, die beim Aufstoßen auf die Bohrlochsohle verhindern soll, daß Beschädigungen am Unterteil des Kolbens vorkommen. Die Röhrchen 12 mit Kugel 7 und Haube 8 sowie 12a mit Kugel 9 und Haube 10 dienen beim Einlassen und Ausholen des dichtschließenden Kolbens zur Durchleitung der Flüssigkeit von unten nach oben bzw. umgekehrt.

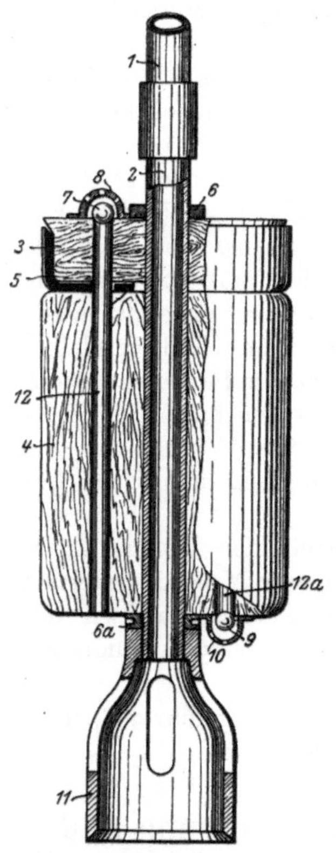

Abb. 17. Holzkolben für Hinterpressungen mit Hohlgestänge bei Verrohrungen mit Abdichtschuhen.

Die Verwendung des Kolbens neben der Verrohrungsstopfbüchse ist eine Vorsichtsmaßregel, um hauptsächlich gegen etwaigen, während des Hinterpressens eintretenden Nachfall besser aufkommen zu können. Der Kolben bildet hierbei einen festen Widerstand in der Verrohrung, so daß der Pumpendruck voll auf die Zementsäule hinter der Verrohrung wirken kann.

Bei einfachen untiefen Hinterpressungen kann der Kolben wegbleiben, da dadurch die Arbeit vereinfacht und an Kosten gespart wird.

Bei Anwendung eines Kolbens läßt sich auch ein gleichmäßigeres Austreten des Zementbreies ermöglichen, was wiederum eine bessere und gründlichere Reinigung der Verrohrung von der Dickspülung zur Folge hat.

Für einen genügenden Vorrat von reinem Wasser (s. „Der Wasserzusatz") muß Sorge getragen werden durch Ansammlung in Reservoiren oder durch Anschluß an eine Wasserleitung.

Soll das Anrühren des Zementes durch Handarbeit geschehen, so nimmt man Mischbottiche von ca. 1,8 m Breite × 2,5—3 m Länge × 0,5 m Höhe. Die Mischbottiche können aus Holzbohlen von ca. 4—5 cm Stärke oder aus dünnem Eisenblech hergestellt werden. Die letzteren sind vorzuziehen, da sie leichter dicht zu halten sind, die Mischarbeit erleichtern und sich schließlich auch haltbarer als die hölzernen Bottiche erweisen. Bei Herstellung aus Holz müssen die Bohlen in der Längsrichtung gelegt werden, wobei die Abdichtung zwischen den Bohlen am besten durch Einlegen von Gewebestreifen vollzogen wird. — Weiter werden noch zwei Mörtelhacken, vier Schaufeln und ein bis zwei Eimer benötigt, oder bei vorhandenem Anschluß an eine Wasserleitung ein Schlauch von ca. $1^1/_2$—2″ Durchmesser.

Bei Beginn der Arbeit wird zunächst in einem der beiden Mischbottiche ca. 350—400 kg Zement unter dauernder Wasserzugabe eingeschüttet. Zwei Mann mit den Mörtelhacken und zwei mit den Schaufeln sorgen dabei für eine innige Durchmischung des Zementes mit dem Wasser, während zwei Mann den Zement in den Mischbottich einschütten. Hierbei muß dauernd darauf geachtet werden, daß kein Papier, Verunreinigungen irgendwelcher Art oder Stücke abgebundenen Zementes mit verrührt werden. Ist in dem ersten Bottich der Zement zu einem flüssigen Brei angerührt worden, so wird in dem zweiten Mischbottich dieselbe Arbeit ausgeführt, wobei aber ein oder zwei Mann beim ersten Mischbottich dafür sorgen, daß der Zementbrei durch dauerndes Umrühren am Absetzen verhindert wird. Ist die Mischung im zweiten Bottich fast fertig durchgerührt, so wird aus dem ersten Bottich mit dem Ablassen des Zementes in den Saugkasten begonnen. Nun muß dauernd während des Absaugens durch die Pumpe der Zementbrei im Saugkasten umgerührt werden, damit auch hier ein Absetzen des Zementes verhindert wird. Genügt die Zementmenge aus dem zweimaligen Anrühren noch nicht, so wird vor Entleerung des zweiten Bottichs schnellstens wieder im ersten Bottich nochmals Zement angerührt, dann wieder im zweiten Bottich usf.

Auf diese Weise ist man in der Lage, mit sechs Arbeitern in $1^{1}/_{2}$ Stunden (= Zeit der beginnenden Abbindeperiode) ca. 2000 kg Zement anzurühren und auf ungefähr 600—800 m Bohrlochteufe hinter die Verrohrung zu pressen. Sollen größere Mengen verwendet werden, oder sind größere Teufen zu überwinden, so muß der Zement in größeren oder mehr Bottichen durch mehr Arbeiter angerührt werden, oder man wird die Handarbeit durch Maschinenarbeit ersetzen.

Bei Zementhinterpressungen muß streng darauf geachtet werden, daß während des Pumpens kein größerer Stillstand eintritt, da sonst die Zementsäule schwer oder öfters auch gar nicht mehr in Bewegung zu bringen wäre. Ebenso darf kein Wasser oder Luft zwischen die Zementsäule gelangen. Dies gilt ganz besonders dann, wenn zur Zementierung ein Hohlgestänge mit kleinem lichten Durchmesser benutzt wird.

Das Hinterpressen vollzieht sich sonst auf dieselbe Weise wie bei Anwendung von Ton. Vor dem Einbauen des Gestänges mit dem Kolben sollte bei evtl. zu dicker Spülung diese in den Rohren durch Einpumpen von klarem Wasser von der Bohrlochsohle aus verdünnt werden, um beim Einlassen des Gestänges in dem Kolben keine Verstopfungen zu bekommen.

Ist der Kolben bis zum Schuh der Verrohrung eingebaut und alles fertig gemacht, um mit dem Hinterpressen zu beginnen, so wird zunächst mit klarem Wasser die Flüssigkeitssäule hinter der Verrohrung hochgedrückt, mit anderen Worten, die Verrohrung freigespült. Bei schwierigen Freispülungen darf das Anrühren des Zementes erst dann erfolgen, wenn die Pumpe regelmäßig und leicht arbeitet.

Muß sehr dicke Spülung aus dem Bohrloch entfernt werden, so sollte vor Hinterpressung des Zementes möglichst ausgiebig mit klarem Wasser (wenn angängig wegen evtl. Nachfall oder Gasdruck) gespült werden, damit die Verrohrung und die Bohrlochwand von der anhaftenden Dickspülung gesäubert werden. Darf reines Wasser in größeren Mengen aus genannten Gründen nicht verwendet werden, so kann mit Hilfe von hydraulischen Kalkbeimengungen (s. Abschn. I „Dichtungsmaterialien") der Zementbrei direkt zum Auspressen der Dickspülung benutzt werden. Man muß hierbei aber ganz besonders darauf achten, daß die Verrohrung hauptsächlich bei Beginn des Hinterpressens auf und ab bewegt und viel hin und her gedreht wird, selbst wenn die Flüssigkeit leicht zirkuliert, damit Verrohrung und Gebirge von der Dickspülung befreit werden resp. der Zementbrei die Dickspülung gleichmäßig nach oben drückt. Wird dies nicht beachtet, so kann es leicht vorkommen, daß der Zement sich Kanäle durch die Dickspülung herstellt, wobei an ein regelrechtes Abbinden, Erhärten und Abdichten gewöhnlich nicht mehr zu denken ist.

Ist nun die Verrohrung freigespült, so läßt man ohne Abstellung der Pumpe sofort aus dem Mischbottich Zementbrei in den Saugkasten einlaufen und preßt ihn hinter die Verrohrung. Zu beachten wäre hierbei noch, daß der Saugkorb der Pumpe nicht oberhalb des Zementbreies hinausragt, damit die Pumpe keine Luft ansaugt.

Ist genügend Zement eingepreßt, oder zeigt das Pumpenmanometer dauernd steigenden Druck an, der nur noch wenige Atmosphären von dem Pumpenhöchstdrucke entfernt ist, so wird mit der Zementzufuhr aufgehört und ohne Abstellung der Pumpe Wasser auf die Zementsäule gedrückt, um das Gestänge möglichst bis unten hin vom Zement zu reinigen.

Dabei darf aber kein Spülwasser hinter die Verrohrung kommen, da dadurch das Abbinden des Zementes speziell am Rohrschuh verhindert würde.

Um das Auspressen von Spülwasser hinter die Verrohrung zu verhüten, wird nach Berechnung resp. Ausmessung nur so viel Wasser eingepumpt, als dem Innenvolumen des Gestänges entspricht, wobei man möglichst einige Meter mit dem Spülwasser von der Bohrlochsohle fernbleibt. Das Abmessen der benötigten Wassermenge kann in einem Reservoir oder mit Hilfe eines Wassermessers geschehen.

Besser und sicherer wird der Austritt von Spülwasser verhindert durch Einschaltung eines Trennungsgliedes zwischen Zement und Wasser, wobei nach Ausfluß des Zementes aus dem Gestänge der Wasserzufluß automatisch abgesperrt wird.

Eine Einrichtung mit einem solchen Trennungsgliede ist durch Abb. 18 dargestellt. Sie besteht aus einer T-förmigen Muffe 1, die zwischen das Hohlgestänge unmittelbar über der Rohrstopfbüchse eingeschaltet wird. Die Muffe ist seitwärts mit Stopfbüchse 2 versehen, in der die Spindel 3 schraubt. Die Spindel stößt mit dem verjüngten Ende an Kugel 4, die durch Blattfedern 5 in ihrer Lage, d. h. außerhalb des Hohlgestänges gehalten wird. Die Kugel wird aus Hartkautschuk, hartem Holz oder Aluminium hergestellt und ist ca. 5 mm kleiner als der lichte Durchmesser des Hohlgestänges zu machen. Das spezifische Gewicht des Kugelmaterials muß leichter als das vom Zementbrei sein, oder die Kugel muß ausgehöhlt werden, damit sie auf dem Zementbrei schwimmt. An der entgegengesetzten Seite von der Stopfbüchse 2 befindet sich der Probierhahn 7.

Am untersten Ende des Gestänges befindet sich eine Spezialmuffe 6, die in der Mitte zwischen beiden Gewindeanschlüssen einen Ansatz mit ca. 5 mm kleineren Bohrung besitzt, als der Durchmesser der Kugel beträgt.

Gebrauchsanweisung: Wird die Zementzufuhr abgestellt und reines Wasser in den Saugkasten geleitet, so öffnet man sofort den Probierhahn 7 (bei Verstopfung der Hahnöffnung wird diese mit Draht durchstoßen) und beobachtet die austretende Flüssigkeit. Sowie der Ze-

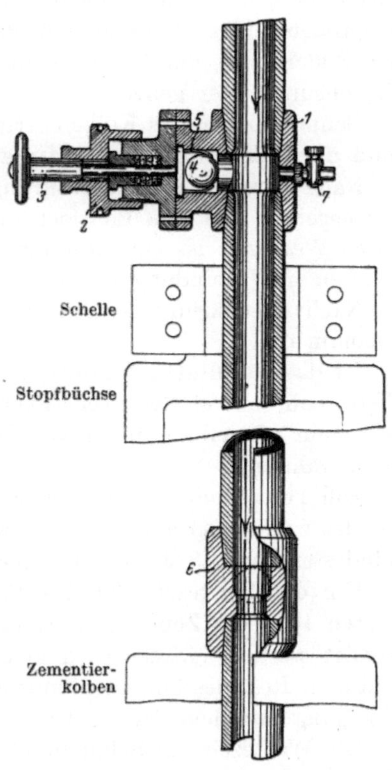

Abb. 18. Anordnung zum Einbringen eines Trennorganes zwischen Zement und Wasser im Hohlgestänge während des Pumpens.

mentbrei dünnflüssiger wird, muß durch schnelles Einschrauben der Spindel 3 die Kugel 4 in das Hohlgestänge gestoßen werden. Die Kugel wird nun von dem Spülstrom nach unten gedrückt, wobei sie dauernd zwischen Zement und Wasser verbleibt, bis sie in der Muffe 6 auf die Durchgangsverengung stößt, abdichtet und dadurch den Wasserzufluß absperrt. Das Aufschlagen der Kugel in der Muffe macht sich sofort durch Drucksteigerung am Pumpenmanometer kenntlich, worauf die Pumpe abzustellen ist.

Schon kurz vor Beendigung des Gestängeausspülens muß mit dem

Absetzen der Verrohrung begonnen werden. Dabei kann oberhalb des Kolbens, wenn nötig, durch Anschluß an die Pumpenleitung bei Schieber 3 der Verrohrungsstopfbüchse (s. Abb. 15) Wasserdruck ausgeübt werden, um zu verhindern, daß der Kolben beim Aufstoßen auf den abgelagerten Zement hochgedrückt würde, wobei Gestängebeschädigung eintreten könnte. Sollten die Rohre nicht bis zum Merkstrich heruntergehen, so wird nach Öffnung des Luftabblashahnes in der Stopfbüchse das Gestänge mit dem Kolben etwas angehoben, wobei der Widerstand, durch den Kolben verursacht, verschwindet und die Verrohrung tiefer gehen kann.

Beim Anheben des Kolbens tritt Zement in die Verrohrung. Dieser muß nach Erhärtung vorsichtig ausgebohrt werden.

Nach Absetzen der Verrohrung wird das Gestänge nebst Kolben herausgeholt und das Bohrloch auf mindestens 10 Tage verschlossen. Diese Wartezeit ist ein Minimum für langsam bindenden Zement bei Sperren in Verbindung mit konischen Absetzschuhen.

Nach Ausbohrung des Zementes wird die Kontrolle der Sperre vorgenommen.

Ist das Resultat der Kontrolle ein befriedigendes, so wird vor dem Weiterbohren erst die nächstfolgende Verrohrung eingebaut, um die Sperrtour speziell am Schuh vor Erschütterungen während des Bohrens zu bewahren.

Soll keine weitere Verrohrung innerhalb der Sperrtour mehr verwendet werden, so muß die Wartezeit auf die Erhärtung des Zementes mindestens auf 18 Tage verlängert werden.

Um die Wartezeit auf das Erhärten zu verkürzen, kann für die letzten 10 m der Zementhinterpressung schnell bindender Zement verwendet werden. Dieser wird in einem besonderen Bottich angerührt und dem Rest des langsam bindenden Zementes beigegeben, damit der Übergang zwischen den beiden Zementarten ein allmählicher wird.

Die Wartezeit bei Schnellbindern richtet sich nach der chemischen Zusammensetzung und schwankt zwischen 5—12 Tagen.

8. Zementhinterpressung vermittels zweier Stopfen.

In Nordamerika ist das sog. „Two Plug System“ viel im Gebrauch. Man versteht hierunter eine Zementiermethode, die mit Hilfe zweier Holzstopfen vor sich geht, welche in die zu zementierende Verrohrung eingebracht werden und zwischen denen sich der zu hinterpressende Zement befindet.

Soll diese Methode Verwendung finden, so muß zunächst festgestellt werden, ob die Flüssigkeitssäule hinter der Verrohrung in Bewegung gesetzt werden kann. Ist dies möglich, so wird (hauptsächlich bei Dickspülung) sofort nach dieser Fesstellung die Verrohrung wieder auf Sohle gesetzt und, wenn nötig, die Spülung in der Verrohrung etwas verdünnt, und zwar so, daß sie auf Sohle am dicksten ist und nach oben zu dünner wird. Dies ist nötig, damit vor dem Austreten des Zements Nachfall verhütet wird und weiter kurz vor dem Zement möglichst klares Wasser die Bohrlochwand und die Verrohrung von der Dickspülung befreit, um gutes Anhaften des Zementes zu ermöglichen. Bei der Verdünnung der Dickspülung kann gleichzeitig so viel Flüssig-

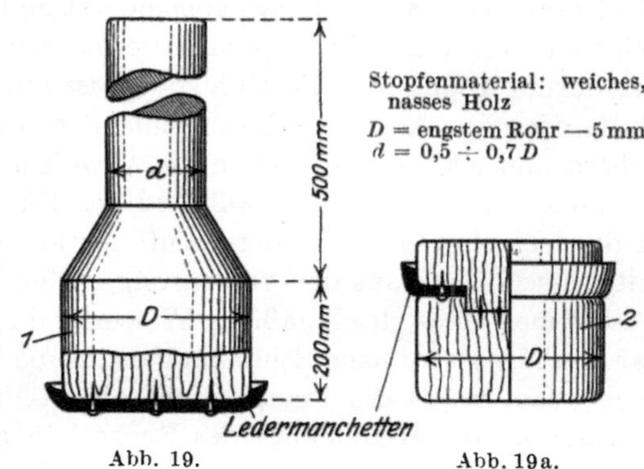

Abb. 19.   Abb. 19a.

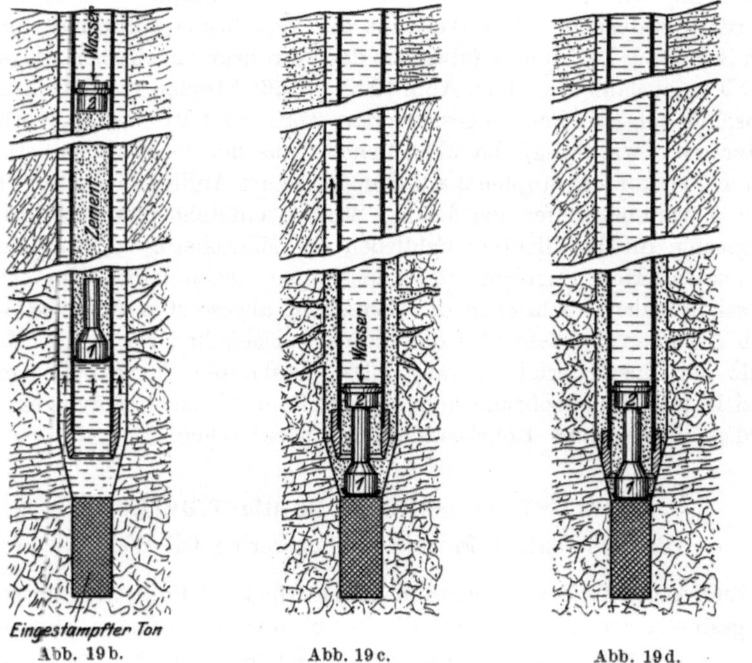

Abb. 19b.   Abb. 19c.   Abb. 19d.

Abb. 19÷19d.   Die Zweistopfen-Zementiermethode.

keit aus der Verrohrung entfernt werden, als für den einzubringenden Zement nötig ist.

Nun wird ein Holzstopfen 1 (s. Abb. 19) bis auf die Flüssigkeitssäule gebracht, d. h. herunterfallen gelassen, worauf der inzwischen angerührte Zementbrei eingegossen wird und dann der Stopfen 2 (s. Abb. 19a) auf den Zementbrei gesetzt. Nachdem man oben auf die Verrohrung die bekannte Stopfbüchse aufgeschraubt hat, in der eine kurze Hohlstange von ca. 2 m Länge abgedichtet und oben durch Spülkopf und Schlauch mit einer Druckpumpe verbunden ist, wird Wasser in die Verrohrung gepumpt. Die Hohlstange ist am unteren Ende durch eine Muffe oder Ansatz gegen Herausschleudern durch den Wasserdruck zu sichern und soll ca. 1 m tief in die Verrohrung hineinragen, damit bei geöffnetem Luftablaßhahn, während des Einpumpens von Wasser, die in der Verrohrung vorhandene Luft restlos entweichen kann. Ist die mitgerissene Luft aus der Verrohrung entfernt worden, was sich durch Ausströmen eines gleichmäßigen Wasserstrahles am Ablaßhahn bemerkbar macht, so wird nach Schließung dieses die Verrohrung ca. 30—40 cm angehoben, wobei die Pumpe nicht abgestellt wird und nun die Verrohrung mit der Keilklemme des Rohrgehänges auf den Hebeschrauben abgefangen (s. Abb. 14). Beim weiteren Einpressen von Wasser in die Verrohrung wird Stopfen 2 die Zementsäule mit Stopfen 1 nach unten befördern, wobei die Flüssigkeit aus der Verrohrung verdrängt, unter dem Schuh ausfließen und außerhalb der Verrohrung nach oben steigend über Tag auslaufen wird (s. Abb. 19 b). Stößt Stopfen 1 auf die Bohrlochsohle auf (auf den eingestampften Ton), so tritt der Zementbrei hinter die Verrohrung. Ist aller Zement aus der Verrohrung herausgepreßt, so kommt Stopfen 2 auf Stopfen 1 zum Aufliegen (s. Abb. 19c). Beim Zusammentreffen der beiden Stopfen entsteht plötzlich Drucksteigerung, die bei dichtem Schließen der Manschette von Stopfen 2 eine solche Höhe erreicht, daß die Pumpe stehenbleibt. Nun wird, wie schon früher beschrieben, die Verrohrung abgesetzt (s. Abb. 19d) und nach Erhärten des Zementes die Stopfen ausgebohrt, worauf die Kontrolle der Sperre erfolgen kann. Das Ausbohren der Stopfen muß speziell bei Meißelbohrung mit der größten Vorsicht vorgenommen werden, damit keine Rohrbeschädigungen entstehen.

9. Die Perkinssche Zementiermethode.
(Perkins' Patent Process for Cementing Oil Wells.)

Eine Abart der Zweistopfenzementiermethode ist die sog. Perkinssche. Sie gestattet den Zementbrei in die Verrohrung einzubringen, ohne vorher den Flüssigkeitsspiegel abzusenken. Weiter bietet sie den Vorteil, daß bei schwierigem Freispülen der Verrohrung ohne Abstellung der Pumpe und ohne Absetzen der Rohre der Zementbrei sofort auf den Wasserstrom folgen kann. Dagegen besitzt die Methode den Nachteil, daß die Flüssigkeitssäule in der Verrohrung so hoch steht, wie die Verrohrung selbst ist, und aus der Verrohrung erst herausgepreßt werden muß, ehe der Zementbrei die Sohle erreicht. Dies bedeutet bei tiefen Bohrungen eine hinderliche Verlängerung des Zementierens gegenüber dem gewöhnlichen „Two Plug-System".

Für die Anwendung der Perkinsschen Methode wird eine Rohrkopfeinrichtung benötigt, wie sie Abb. 20 zeigt. Die Einrichtung ist außer einigen konstruktiven Abänderungen der Perkinsschen Originaleinrichtung nachgebildet. — In dem ca. 1,5—2 m langen, starkwandigen Rohr 1 von gleichem Innendurchmesser als die Verrohrung sind die beiden Holzstopfen 14 und 15 untergebracht und durch die Bolzen 16, 17 und 18 in ihrer Lage festgehalten. Stopfen 14 ist mit Gummiringen g und h versehen, die durch die Teile f und e an den Stopfen gepreßt werden. Der Stopfen 15 ist unten mit einem Gummiring d versehen, der durch Teil a angepreßt wird, während am oberen Ende des Stopfens die Ledermanschette c durch Teil b festgehalten wird. Oberhalb des Stopfens 15 befindet sich der Flansch 4 mit dem Rohrbogen 7, an dem der Schnellschlußschieber 8 angeschraubt ist, der wiederum mit dem Rohrabzweigungsstück 9, Schnellschlußschieber 10 und Flansch 5 an Rohr 1 so verbunden wird, daß der

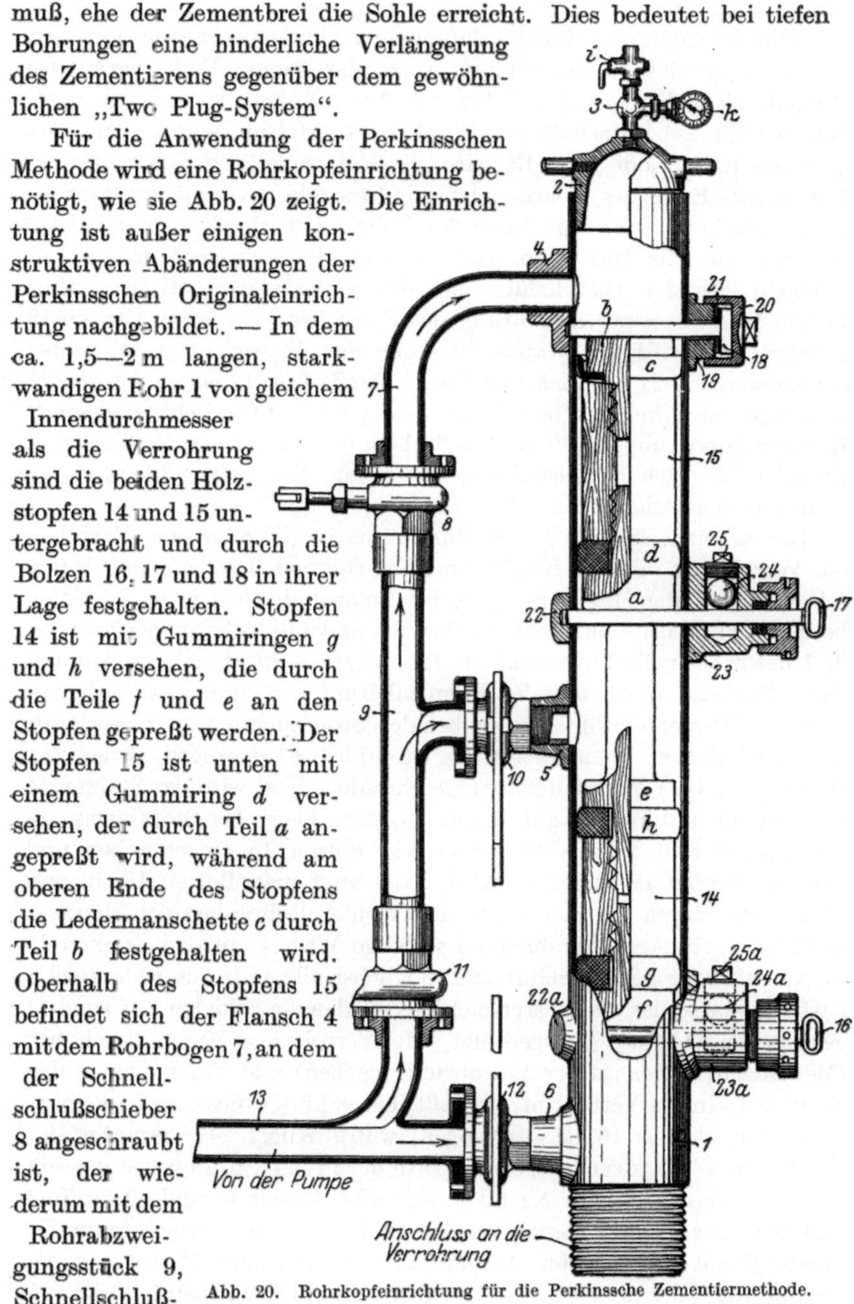

Abb. 20. Rohrkopfeinrichtung für die Perkinssche Zementiermethode.

Einlauf zwischen beiden Stopfen erfolgen kann. Am unteren Ende
des Rohrstückes 9 ist Schnellschlußschieber 11 angebracht und mit dem
Abzweigungsstück 13 verbunden, wobei das gerade Ende vermittels
Schnellschlußschieber 12 und Flansch 6 mit Rohr 1 so verbunden ist,
daß der Einlauf unterhalb des Stopfens 14 erfolgen kann. Am entgegengesetzten Ende von 13 wird die Pumpenleitung angeschlossen.
Das untere Ende des Rohres 1 ist mit Gewinde, passend zur Verrohrung, versehen. Das obere Ende des Rohres 1 wird mit einer Haube 2
verschlossen, die mit dem Verteilungsstück 3 ausgerüstet ist, an
welchem sich der Ablaßhahn i und das Manometer k befinden. Der
Bolzen 18 ist in einer Anbohrung des Flansches 4 sowie im Flansch 19
gelagert und wird mit Kappe 20 gegen den Flansch gepreßt, wobei
der Gummiring 21 als Dichtung dient. Der Bolzen 17 ist im Ansatz 22
und dem Stopfbüchsenflansch 23 beweglich, aber dicht eingesetzt.
In einer Anbohrung des Flansches 23 befindet sich Kugel 24, die durch
Pfropfen 25 gegen Herausfallen gesichert ist. Der Bolzen 16 ist genau
so angeordnet wie Bolzen 17.

Die Arbeitsweise mit dieser Einrichtung ist die folgende. Nachdem
die Verrohrung mit der Keilklemme des Rohrgehänges auf den Hebeschrauben so abgefangen ist, daß der Rohrschuh eben noch die Sohle
berührt, wird das Rohr 1 aufgeschraubt und die Zuleitungsstücke 13,
9, 7 nebst Schnellschlußschiebern 12, 11, 10, 8 angebracht und durch
einen Panzerschlauch mit der Pumpenleitung verbunden, worauf man
so lange Wasser einfüllt, bis es bei der Stopfbüchse 23 a herausläuft.
Nun wird Bolzen 16 eingesetzt, die Stopfbüchse angezogen, Kugel 24 a
eingelegt und der Pfropfen 25 a aufgeschraubt. Jetzt wird der Stopfen 14
eingebracht und Wasser auf diesen gegossen, bis es bei Stopfbüchse 23
ausläuft, worauf Bolzen 17 genau wie Bolzen 16 eingeschoben und
hierauf Stopfen 15 eingebaut wird. Nun setzt man Bolzen 18 ein und
dichtet ihn durch die Kappe 20 ab. Nach Aufschrauben der Haube 2
wird bei geöffnetem Ablaßhahn i so lange Wasser auf den Stopfen 15
gepumpt, bis es bei i ausläuft und möglichst alle Luft aus Rohrstück 1
entfernt worden ist. Ist dies erreicht, so werden die Schieber 8, 10 und 11
geschlossen, 12 dagegen geöffnet, die Verrohrung 30 cm angehoben
(Merkstrich vorher an der Verrohrung machen) und Wasser unter den
Stopfen 14 in die Verrohrung gepreßt, bis es hinter dieser frei aufsteigt.
Nun wird Bolzen 16 herausgezogen, wobei Kugel 24 a herunterfällt,
durch den Wasserdruck gegen die Öffnung in der Stopfbüchse gepreßt
wird und diese schließt. Nachdem schnell Schieber 11 und 10 geöffnet
und Schieber 12 geschlossen worden sind, wird der fertiggestellte Zementbrei auf den Stopfen 14 gepreßt. Ist genügend Zement in der
Verrohrung, oder muß aus anderen Gründen mit der Zementzufuhr aufgehört werden, so zieht man Bolzen 17 heraus, wobei Kugel 24 die

Stopfbüchsenöffnung zumacht, öffnet Schieber 8 und schließt Schieber 10, worauf das inzwischen in den Saugkasten geleitete Wasser auf den Stopfen 15 gepumpt und diesen mit dem Zementbrei nach unten drücken wird. Stößt der Stopfen 14 auf Sohle auf, so macht sich Drucksteigerung am Manometer bemerkbar. Man hebt hierauf die Verrohrung noch weitere 20—30 cm an (je nach Länge des Stopfens 15), bis der zweite Gummiring auch aus der Verrohrung herauskommt, um dem Zement freien Austritt zu gewähren. Ist aller Zement aus der Verrohrung gepreßt worden, so stößt Stopfen 15 auf 14 auf, wobei die Drucksteigerung so groß wird, daß die Pumpe stehenbleibt. Die Rohre werden dann abgesetzt und dem Zement Zeit zum Erhärten gegeben.

B. Sperren mit der Verrohrung und Zementhinterpressung, aber ohne Anwendung eines Abdichtschuhes.

Wie schon früher erwähnt wurde, ist die Anwendung des Abdichtschuhes meistens nur in Verbindung mit Dichtungsmaterialien wie Ton und Sand in Gebrauch, selten dagegen bei Verwendung von Zement.

Kann der konische Dichtschuh aus bohrtechnischen Rücksichten nicht benutzt werden, oder ist er wegen evtl. Spalten und Klüften in der Absetzstelle zwecklos, so verwendet man einen gewöhnlichen Rohrschuh oder eine Muffe usw., zementiert die Verrohrung und verhindert das Zurücklaufen des Zementbreies in die Verrohrung durch Abschließen dieser über Tag, oder durch Anbringen eines Rückschlagventiles unten in der Verrohrung.

Das Abschließen der Verrohrung über Tag zur Verhinderung des Rücklaufens sollte nur beim Zweistopfensystem angewandt werden und auch hier nur ausnahmsweise.

Durch das Abschließen der Verrohrung über Tag mit einer Stopfbüchse usw. wird speziell bei langen Verrohrungen mit größeren Durchmessern keinesfalls ein gänzliches Rücklaufen des hinterpreßten Zementbreies verhindert. An dem folgenden Beispiel soll dies erläutert werden.

Es sei ein Bohrloch mit einer Verrohrung von 200 mm lichtem Durchmesser bis 1000 m ausgekleidet. Die Zementsäule hinter der Verrohrung sei 500 m hoch vom spezifischen Gewicht = 1,4. Die restlichen 500 m seien Dickspülung von ca. 1,3 spezifischem Gewicht. Innen sei die Verrohrung mit klarem Wasser bis auf den Stopfen gefüllt. Wir haben demnach:

1000 m Wasser	spezifisches Gewicht = 1	entsprechen 100 at	
500 m Zement	,, ,, = 1,4	= 70 at	
500 m Dickspülung	,, ,, = 1,3	= 65 at	= 135 at.

Es besteht demnach ein Überdruck der äußeren Flüssigkeitssäule gegenüber der inneren von 135 at — 100 at = 35 at. Dieser Mehrdruck würde bestrebt sein, durch Zusammenpressung der Flüssigkeitssäule in der Verrohrung den für den Gleichgewichtszustand nötigen Ausgleich herzustellen.

Ohne Berücksichtigung der Röhrenausdehnung und dem Vorhandensein eines Luftkissens unterhalb der Verrohrungsstopfbüchse würde zur Vernichtung der 35 at Mehrdruck eine Wasserzusammenpressung resp. ein Nachdrängen des Zementbreies in die Verrohrung von einer Höhe nötig sein, die sich aus folgender Berechnung ergibt:

Wasserkompressionskoeffizient = 0,00005.
Inhalt der Verrohrung bei 1000 m in Liter = 31416.
31416 × 0,00005 × 35 = 55 Liter.

Da 1 m der Verrohrung 31,4 l enthält, so würden 55 : 31,4 = 1,7 m ausfüllen. In Wirklichkeit wegen Rohrausdehnung und Zusammenpressens des Luftkissens im obersten Teil der Verrohrung weit mehr.

Daß solch eine Bewegung auf die Abbindung des Zementes hindernd einwirken müßte, wird ohne weiteres klar sein.

Bei Anwendung eines Kolbens am Hohlgestänge, das nach der Zementierung mit dem Kolben in der Verrohrung bis zur Zementerhärtung verbleibt, kann diese verhältnismäßig große Bewegung der Zementsäule unter Umständen recht schwierige Ausbohrarbeiten verursachen. Es sind Fälle bekannt, daß beim Hochdrücken des Kolbens die unterste Stange defekt wurde, der Zement austrat und der Kolben mit Stange auf ca. 5 m Höhe im Zement fest wurden.

Ist man gezwungen, das Rücklaufen des Zementes durch Abschließen der Verrohrung über Tag zu bewerkstelligen, so sollte wenigstens nach Beendigung der Zementierung durch Einpressen von Wasser das Gleichgewicht zwischen der inneren und äußeren Flüssigkeitssäule hergestellt werden.

Das Richtigste ist aber die Anbringung eines Rückschlagventils am unteren Ende der Verrohrung, oder bei Verwendung eines mit dem Hohlgestänge einzubauenden Kolbens die Anbringung eines Rückschlagventiles in dem Kolben, wobei der Kolben in der Verrohrung so festgesetzt werden muß, daß der Druck der Zementsäule den Kolben nicht nach oben bewegen kann.

Weiter muß bei Zementhinterpressungen ohne Abdichtschuh darauf geachtet werden, daß das unterste Ende der Verrohrung bzw. der Rohrschuh gut in die Bohrlochmitte zu stehen kommt, damit der Zement die Verrohrung gleichmäßig umhüllt.

Steht die Verrohrung auf der Sohle auf, wie aus der Abb. 21 ersichtlich ist, so kann, besonders wenn das Gebirge am Schuh spaltenreich ist, die Sperre mißlingen.

Um dies zu verhindern, werden die letzten 5 m des Bohrlochdurchmessers erweitert, oder man bohrt ca. 0,5 m auf der Bohrlochsohle enger vor (s. Abb. 22). In dieser Vorbohrung wird dann der Zementierkolben mit seinem unteren Ende eingesetzt, wobei die Verrohrung sich zentrisch einstellen muß. Das vorgebohrte kleinere Loch muß natürlich genau in der Mitte des größeren liegen, was durch Führung des Bohrwerkzeuges erreicht werden kann.

Wird beim Bohren gleichzeitig ein Unterschneider benutzt, oder

Abb. 21.

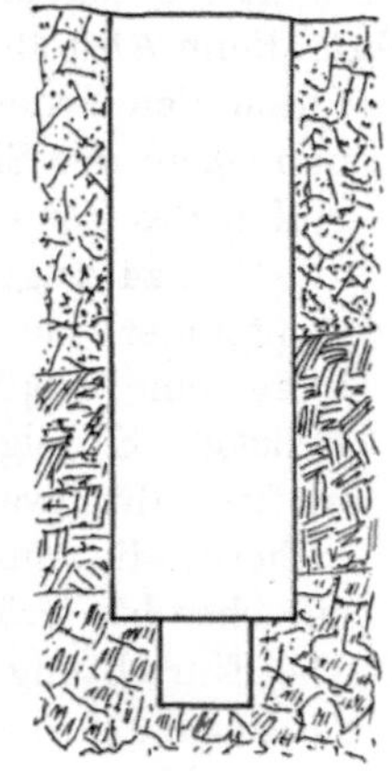

Abb. 22.

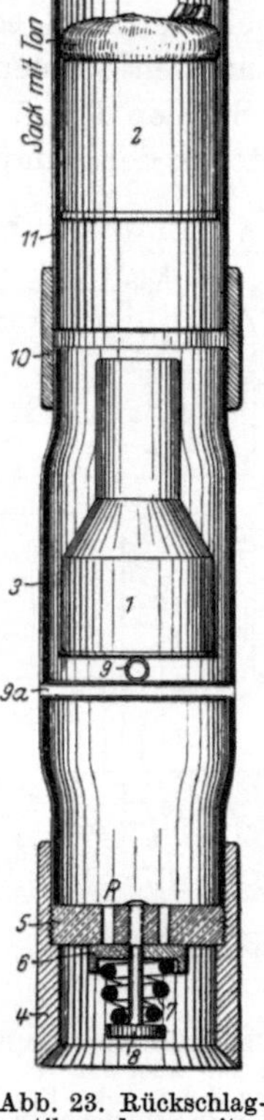

Abb. 23. Rückschlagventilanordnung mit erweitertem Rohrnippel und Brücke bei der Zweistopfenmethode für Muffenrohre.

werden Exzentermeißel mit langer Vorschneide verwendet, so ist schon das zentrisch vorgebohrte kleinere Loch vorhanden.

1. Die Zweistopfenzementiermethode mit Rückschlagventilanordnung.

Bei der Zweistopfenmethode wird öfters die Anwendung eines Rückschlagventils nicht nur aus der eben beschriebenen Notwendigkeit erfolgen, sondern man kann sich damit auch helfen, wenn es wegen Wasserzudrang oder Gasdruck unmöglich ist, den Flüssigkeitsspiegel in der Verrohrung so weit abzusenken, als für das Einbringen des Zementbreies nötig ist.

Abb. 23 zeigt eine Rückschlagventilanordnung für eine starkwandige Muffenverrohrung und für den Gebrauch in festem, nicht nachfallendem Gebirge, da das Rückschlagventil gleichzeitig mit der Verrohrung eingebaut werden muß.

In der Abbildung bedeutet 11 die Verrohrung und 10 die Muffe dazu, in welcher der an beiden Enden eingezogene Rohrnippel 3 eingeschraubt ist. Am unteren Ende dieses Nippels wird der Schuh 4 oder eine Muffe aufgeschraubt und zwischen beide das Rückschlagventil R eingesetzt. Das Ventil besteht aus der Sitzplatte 5, dem Teller 6, der Feder 7, dem Bolzen 8 und ist ganz in Bronze gearbeitet. Kurz vor der unteren Verjüngung des Rohrnippels 3 ist durch zwei über Kreuz eingenieteter Messingstäbe 9 und 9a eine Brücke gebildet, auf welcher der Stopfen 1 aufgehalten wird, so daß der Zementbrei in dem erweiterten Rohrnippel frei um den Stopfen herum nach unten gelangen kann. Stößt Stopfen 2 auf Stopfen 1 auf, so entsteht die bekannte Drucksteigerung, die zum Abstellen der Pumpe führt. Beim Abstellen der Pumpe schließt Teller 6 durch den Feder- und Zementdruck die Öffnungen in der Sitzplatte 5, so daß ein Rücklaufen des Zementes verhindert wird.

Abb. 24 zeigt eine Einrichtung der Zweistopfenmethode mit Rückschlagventilanordnung ohne verjüngten Rohrnippel und ohne Brücke. Sie eignet sich besonders für aufgemuffte, dünnwandigere Stahlrohre in Bohrlöchern, die nur wenig größer als die entsprechenden größten Rohrdurchmesser sind. Die Einrichtung kann aber auch nur in nachfallfreien Bohrlöchern benutzt werden, da das Rückschlagventil ebenfalls zusammen mit der Verrohrung eingebaut werden muß.

Wie aus der Zeichnung ersichtlich ist, wird der Körper des Rückschlagventils R (mit 1 bezeichnet) mit Außengewinde versehen und von unten in den Schuh eingeschraubt. Der Ventilstöpsel 2 wird durch eine Bohrung in der Haube 3 geführt und durch die Haube am Herausfallen gehindert. 1 und 3 werden aus Gußeisen hergestellt, während Stöpsel 2 aus Holz besteht. Der Holzstopfen A ist unten mit einer Ledermanschette g ausgerüstet. Der Hauptkörper d ist durchbohrt und in der oberen konischen Erweiterung mit einem passenden Stöpsel e verschlossen, der durch den Holzstab f in seiner Lage festgehalten wird. Stopfen B besteht aus dem Unterteil a, der mit einer verlängerten Ausbohrung zur Aufnahme des Stöpsels e versehen ist. Auf dem Unterteil wird Ledermanschette c mit Oberteil b durch Festnageln festgehalten.

Die Arbeitsweise mit der Einrichtung ist wie folgt: Die Verrohrung wird im Schuh mit der Rückschlagventilanordnung R ausgerüstet und dann eingebaut. Damit beim Einbauen der Verrohrung die Flüssigkeit in diese gelangen kann, muß Stöpsel 2 nach unten gedrückt werden, was durch Beschwerung mit einer Schlammbüchse usw., die später

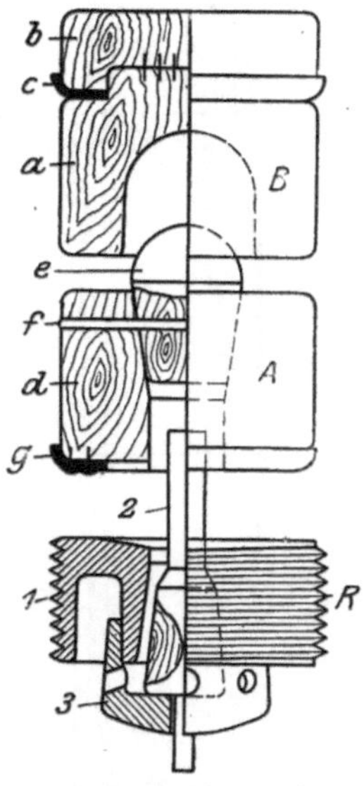

Abb. 24. Rückschlagventilanordnung für dünnwandige, aufgemuffte Rohre ohne Brücke bei der Zweistopfenmethode.

wieder herausgeholt werden muß, geschehen kann. Ist die Verrohrung auf Sohle, so wird nach Aufhebung der Beschwerung des Stöpsels dieser vermöge seiner Schwimmfähigkeit nach oben steigen und dabei die Verrohrung im Innern nach oben zu abdichten. Nun kann die nötige Flüssigkeitsmenge aus der Verrohrung entfernt werden, worauf Stopfen A eingebracht werden kann. Jetzt wird der Zementbrei eingefüllt, worauf

Abb. 24a÷24c. Rückschlagventilanordnung für dünnwandige, aufgemuffte Rohre ohne Brücke bei der Zweistopfenmethode.

man Stopfen B einsetzt, die Verrohrung oben mit der Stopfbüchse schließt und in bekannter Weise Wasser in die Verrohrung preßt. Zunächst wird durch die Bewegung der Wassersäule in der Verrohrung Stöpsel 2 des Rückschlagventiles geöffnet werden, wobei die Flüssigkeit durch die Öffnung des Rückschlagventils hindurch kann (s. Abb. 24a). Beim Aufstoßen des Stöpsels e von Stopfen A auf Stöpsel 2 vom Rückschlagventil R wird der Holzstab f brechen und der Hauptteil d durch den über ihm stehenden Druck bis auf den Körper 1 des Rückschlagventiles gepreßt werden, wobei durch die Ringöffnung zwischen e und d der Zement durchtreten und weiter durch das Rückschlagventil hinter die Verrohrung gelangen kann (s. Abb. 24 b). Nach Auspressung des Zementbreies stößt Stopfen B mit dem ausgehöhlten Unterteil *a* auf Stopfen A (s. Abb. 24c), wobei Drucksteigerung entsteht und die Pumpe abzustellen ist. Beim Aufhören des Überdrucks in der Verrohrung preßt die Zementsäule den Stöpsel 2 auf seinen Sitz, so daß das Rücklaufen des Zementbreies in die Verrohrung verhindert ist. Nach Erhärtung des Zementes werden die Stopfen nebst Rückschlagventil ausgebohrt und die Kontrolle der Sperre vorgenommen.

2. Die Hohlgestängemethode mit Rückschlagventilanordnung.

Bei Verwendung eines Hohlgestänges nebst daran befestigtem Zementierkolben wird das Rückschlagventil im Kolben untergebracht.

Die Konstruktion der Zementierkolben kann eine recht verschiedenartige sein. Sie können aus Holz, Gußeisen oder Bronze hergestellt werden. Immer muß aber mit ihnen der Zweck erfüllt werden, das Zurückfließen des Zementes in die Verrohrung wirksam zu verhindern, sie müssen also in der Verrohrung so fest sitzen, daß nach Schließen des Rückschlagventiles ein Platzwechsel der Kolben speziell nach obenzu ausgeschlossen ist.

Die hölzernen Kolben werden durch Quellen zum Festwerden und Abdichten gebracht, während die metallenen Kolben, z. B. durch verzahnte Backen, zum festen Anliegen kommen und vermittels einer Packung aus Kautschuk zum Abdichten gebracht werden.

Die Zementierkolben können eingeteilt werden in:

a) hölzerner Zementierkolben, der mit der Verrohrung gleichzeitig eingebaut wird;

b) metallener Zementierkolben, der mit der Verrohrung gleichzeitig eingebaut wird;

c) hölzerner Zementierkolben, der mit dem Hohlgestänge eingebaut wird und durch Quellen in der Verrohrung dicht und fest wird;

d) metallener Zementierkolben, der mit dem Hohlgestänge eingebaut wird, mit Kautschukpackung versehen ist, wobei beim Aufstoßen des Kolbens auf die Bohrlochsohle der Kolben fest und dicht in der Verrohrung wird;

e) metallener Zementierkolben, der mit dem Hohlgestänge eingebaut und mit Kautschukpackung versehen ist, wobei durch Anheben des Gestänges der Kolben an einer beliebigen Stelle der Verrohrung dicht und fest wird.

Ob für die Kolben Holz oder Metall verwendet werden soll, wird meistens durch die obwaltenden Verhältnisse bestimmt werden. Bei Bohrungen weit ab von Werkstätten wird man lieber fertige metallene

Zementierkolben mitführen, da Holz wegen der Beeinflussung durch Luftfeuchtigkeit und Temperaturwechsel auf den Kolbendurchmesser Schwierigkeiten beim Einbauen würde. Es ist dies der Hauptübelstand der hölzernen Kolben, sonst sind die Kosten dafür geringer wie bei Kolben aus Metall. Auch die Ausbohrarbeiten gestalten sich bei Holz einfacher, besonders wenn keine Kronenbohrung, sondern Stoßbohrung vorhanden ist.

a) Hölzerner Zementierkolben, der mit der Verrohrung gleichzeitig eingebaut wird.

In nachfallfreien Bohrlöchern kann beim Einbauen der Verrohrung, die zum Wassersperren benutzt werden und bei welcher Zementhinterpressung vermittels Hohlgestänge und Zementierkolben ausgeführt werden soll, der Zementierkolben gleichzeitig mit eingebaut werden.

Abb. 25 zeigt einen Holzkolben, der im untersten Rohr befestigt wird, um dann zusammen mit der Verrohrung eingelassen zu werden. Er besteht aus dem Holzzylinder 1, in welchen das Rohrstück 3 mit Gewinde eingesetzt ist. Dieses Rohrstück ist unten mit dem konischen Stopfen 5 ausgerüstet, der durch Stift 6 mit dem Rohr verbunden ist. Am oberen Ende des Rohrstückes ist die Schelle 4 angebracht, die teilweise in den Holzzylinder 1 eingelassen wird. Darüber ist die Muffe 8 aufgeschraubt, die als Anschluß für Gestänge 9 dienen soll. Zwecks besserer Abdichtung ist der Holzzylinder 1 mit einem Gummiring 7 ausgestattet. Im unteren Teil des Holzzylinders ist das hölzerne Verschlußstück 2 hineingeschlagen. Der so aus vollständig trockenem Holz zusammengestellte Zementierkolben wird nun in das unterste Rohr so weit eingesetzt, bis Teil 2 an das Rohr anstößt (s. Abbildung) und hierauf unter Wasser gebracht, bis durch Quellen des Holzes der

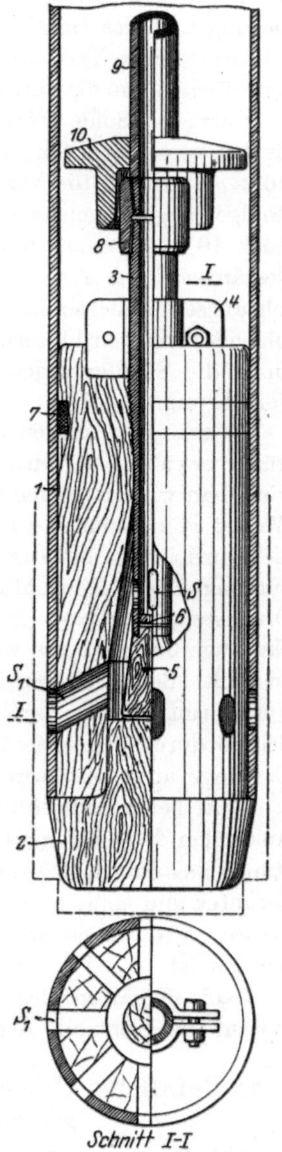

Abb. 25. Hölzerner Zementierkolben, der mit der Verrohrung gleichzeitig eingebaut wird.

Kolben fest wird. Nun kann das Einlassen der Verrohrung beginnen. Beim Einlassen steigt die Flüssigkeit durch die Schlitze s_1 der Verrohrung und des Holzzylinders weiter durch die Schlitze s des Rohrstückes 3 in die Verrohrung, so daß beim Einlassen wegen Eindringen der Flüssigkeit in die Verrohrung keine Schwierigkeiten entstehen können.

Kurz vor Sohle wird die Verrohrung vorsichtig hängen gelassen, bis das Verschlußstück 2 in dem kleiner vorgebohrten Bohrlochteil aufstößt. Nun wird die Verrohrung über Tag abgefangen und hierauf das Hohlgestänge eingelassen. Die unterste Stange ist mit einem Führungsstück 10 ausgerüstet, um ohne Schwierigkeiten das Einschrauben des Gestänges in die Muffe 8 zu ermöglichen. Nach Aufschrauben der Verrohrungsstopfbüchse kann das Freispülen der Verrohrung mit nachfolgendem Zementhinterpressen beginnen. Der Zement gelangt hierbei durch die Schlitze s des Rohrstückes 3 und die Schlitze s_1 hinter die Verrohrung.

Ist genügend Zementbrei hinterpreßt worden oder muß, wie schon früher erwähnt, vorzeitig mit der Zementzufuhr aufgehört werden, so wird man wieder danach trachten, das Gestänge durch Einpumpen von Wasser vom Zement zu befreien. Selbstverständlich kann auch hier die Einrichtung benutzt werden, wie sie Abb. 18 zeigt. Ist bei Benutzung obiger Einrichtung durch Aufstoßen der Kugel 4 in Muffe 6 Drucksteigerung resp. Stillstand der Pumpe eingetreten, so wird das Gestänge hochgezogen, wobei das Rohrstück 3 aus dem Holzzylinder 1 ausreißt. Beim weiteren Hochziehen kommt Stopfen 5 in der konischen Ausbohrung des Holzzylinders zum Anliegen und schließlich wird der Stift 6 durch den oberen Teil des Stopfens durchgezogen, worauf das Gestänge ausgeholt werden kann.

Wird keine Einrichtung mit dem Trennglied benutzt, oder ist ein Ausspülen des Gestänges nicht möglich gewesen, so zieht man das Gestänge aus dem Kolben, schraubt die Stopfbüchse von der Verrohrung herunter und spült nun so lange Gestänge und Verrohrung mit klarem Wasser aus, bis sämtlicher Zement oberhalb des Kolbens entfernt worden ist.

Nach Erhärten des Zementes erfolgt Ausbohrung des Kolbens, worauf die Kontrolle der Sperre vorgenommen werden kann.

b) Metallener Zementierkolben, der mit der Verrohrung gleichzeitig eingebaut wird.

Abb. 26 zeigt einen Zementierkolben, wie er aus Gußeisen oder Bronze hergestellt werden kann und mit der Verrohrung zusammen eingebaut wird.

Er besteht aus dem Hauptkörper 1, der am unteren Teil mit Außengewinde versehen ist und in das Schuhrohr paßt. In der Durchbohrung von Teil 1 ist das Rohrstück 2 schließend eingepaßt. An dem Rohrstück ist unten durch Gewindestopfen 3 die Hartgummikugel 4 befestigt. Oben ist das Rohrstück mit der Muffe 5 verbunden, unter der Muffe der Deckel 6 an das Rohrstück angeschraubt, der noch vermittels zweier Schrauben 8 an Teil 1 befestigt und durch die Gummipackung 7 abgedichtet wird. Im unteren Ende des Teiles 1 ist das Führungsstück 9 mit Gewinde eingeschraubt.

Die Handhabung ist wie folgt. Der komplett zusammengesetzte Zementierkolben wird vor dem Einbauen der Verrohrung in das unterste Rohr eingeschraubt und hierauf mit der Verrohrung eingelassen, bis das Führungsstück 9 in den enger vorgebohrten Bohrlochteil zu stehen kommt. Nun wird das Hohlgestänge mit der Führungsglocke 10 eingelassen, in die Spezialmuffe 5 eingeschraubt, die Verrohrung oben mit der Stopfbüchse abgeschlossen und nun mit dem Freispülen der Verrohrung nebst dem darauffolgenden Zementhinterpressen begonnen. Der Zement läuft hierbei aus den Schlitzen s des Rohrstückes 2 neben der Kugel 4 in das Führungsstück 9 und gelangt durch dessen Schlitze s_1 hinter die Verrohrung.

Soll die Zementzufuhr beendet und das Gestänge ausgespült werden, so wird über Tag die Kugel 4 (s. Abb. 18) in das Hohlgestänge gebracht, bis in die Spezialmuffe 5 gepreßt und hierauf die Pumpe abgestellt. Nun wird das Gestänge angehoben, wobei die Schrauben 8 aus Teil 1 herausgerissen werden, die Hartgummikugel die Öffnung in Teil 1 schließt, dabei wird gleichzeitig Gewindestopfen 3 aus der Kugel herausgezogen, wonach das Gestänge herausgeholt werden kann.

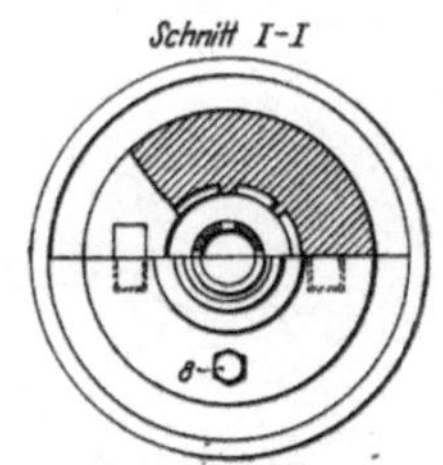

Abb. 26. Metallener Zementierkolben, der mit der Verrohrung gleichzeitig eingebaut wird.

Auch hier wird vor dem Herausholen des Gestänges, falls keine Trenneinrichtung wie auf Abb. 18 benutzt worden ist, die Verrohrung oberhalb des Kolbens so lange mit klarem Wasser ausgespült, bis sämtlicher Zement entfernt ist.

Nach Erhärtung des Zementes wird der Kolben ausgebohrt, was am besten mit Hilfe einer Stahlkrone geschieht, da der Kolben in seinem oberen Teil so bemessen ist, daß die Stahlkrone darüber hinweggeht und erst am Gewindeteil des Kolbens zu schneiden beginnt. Nach

Durchfräsung dieses Teiles ist noch der um das Führungsstück 9 erhärtete Zement zu durchbohren, worauf nach Einbringen von kleinen Steinchen in das Gestänge der Kolben in der Stahlkrone verklemmt und zutage gebracht werden kann.

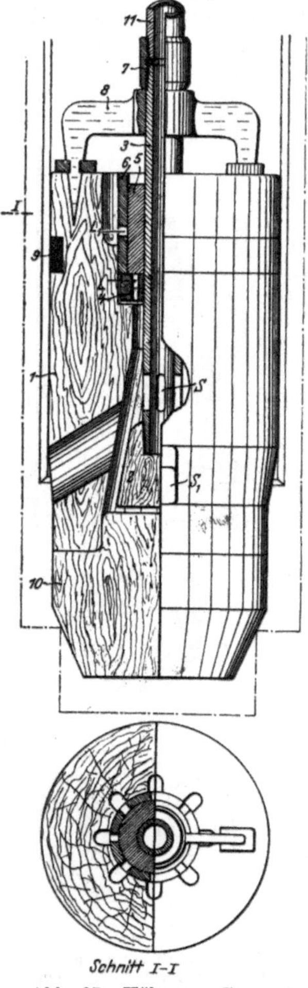

Abb. 27. Hölzerner Zementier-kolben, der mit dem Hohlge-stänge eingebaut wird.

c) Hölzerner Zementierkolben, der mit dem Hohlgestänge eingebaut wird und durch Quellen in der Verrohrung dicht und fest wird.

In Bohrlöchern, in denen wegen Nachfall der Zementierkolben nicht gleichzeitig mit der Verrohrung eingebaut werden kann, muß ein Kolben in Anwendung genommen werden, der erst nach dem Einbauen der Verrohrung am Hohlgestänge eingelassen und in der Verrohrung so befestigt wird, daß der Druck der Zementsäule unterhalb des Kolbens diesen nach obenzu nicht verschieben kann.

Abb. 27 zeigt einen solchen Kolben in Holzkonstruktion. Er besteht aus dem Hauptkörper 1, der im Durchmesser nur so viel kleiner als der engste Innendurchmesser der Verrohrung ist, als benötigt wird, um vor dem Quellen des Holzes den Kolben an Ort und Stelle zu bringen, ohne daß er vorher in der Verrohrung fest wird. In die konische Ausbohrung von 1 paßt der Stopfen 2, der leicht an das Rohrstück 3 angeschraubt ist. An diesem Rohrstück ist auch noch der Ring 4 befestigt, der mit acht Löchern L versehen ist. Über diesem Ring ist der Hohlzylinder 5 beweglich, aber dichtend angeordnet, der seinerseits wieder in Büchse 6 genau eingepaßt ist. Diese Büchse ist ebenfalls mit acht Löchern L_1 versehen, die in acht Aushöhlungen des Körpers 1 münden. Oben hat die Büchse Gewinde, womit sie in 1 eingeschraubt wird. Am oberen Ende des Rohrstücks 3 ist die Muffe 7 aufgeschraubt, die auf Krampe 8 aufliegt. Krampe 8 wird leicht in den Hauptkörper 1 eingeschlagen und dient gleichzeitig dem Rohrstück 3 als Führung. Der Hauptkörper ist zwecks guten Abdichtens mit Gummiring 9 versehen. Unten ist das Verschlußstück 10 in den Hauptkörper eingesetzt, das beim Aufstoßen auf

Sohle in dem enger vorgebohrten Bohrlochteil die Verrohrung zentrieren soll.

Die Handhabung ist folgende. In den aus trockenem Holz hergestellten Hauptkörper 1 wird zunächst das Rohrstück 3 mit Ring 4 eingesetzt und hierauf der Stopfen 2 auf das Rohrstück 3 aufgeschraubt bzw. aufgeschlagen. Nun wird das Verschlußstück 10 eingesetzt, hierauf die Büchse 6 eingeschraubt, Hohlzylinder 5 übergeschoben, Krampe 8 eingeschlagen und Muffe 7 an das Rohrstück 3 geschraubt. Der so zusammengesetzte Kolben wird nun mit dem Gestänge 11 verbunden und in das Bohrloch eingelassen. Beim Eintauchen in die Flüssigkeit steigt diese nicht nur neben dem Kolben hoch, sondern tritt auch durch die Schlitze s_1 und Löcher L unter den Hohlzylinder 5, hebt diesen dabei so weit an, bis die Löcher L_1 frei werden und strömt nun durch diese und durch die davorliegenden Kanäle über den Kolben. Der Kolben wird in die Verrohrung so tief eingebaut, daß die Schlitze s_1 mindestens zur Hälfte aus dieser herausragen. Die Verrohrung muß dabei so gestellt werden, daß sie dieser Kolbenstellung dann entspricht, wenn der Kolben unten im vorgebohrten engeren Bohrlochteil aufsteht. Nach Quellen und Festwerden des Kolbens kann die Zementierung vorgenommen werden. Ob der Kolben durch Quellen bereits dicht und fest ist, läßt sich dadurch feststellen, daß man in der Verrohrung einen höheren Flüssigkeitsstand herstellt als außerhalb dieser, und wenn die Flüssigkeit in der Verrohrung höher stehenbleibt, so ist der Kolben dicht und fest. Die benötigte Zeit zum Quellen des Holzes wird am besten vorher durch einen Versuch festgestellt.

Das Zementhinterpressen geht in schon bekannter Weise vor sich, wobei hier der Zementbrei durch die Schlitze s und s_1 aus dem Hohlgestänge hinter die Verrohrung gelangt.

Nach Beendigung des Zementierens wird das Gestänge angehoben, dabei kommt Stopfen 2 in der konischen Ausbohrung des Hauptkörpers zum Anliegen und Abdichten. Gleichzeitig wird hierbei durch Ring 4 die Büchse 6 aus dem Hauptkörper 1 herausgerissen, schlägt beim weiteren Anheben des Gestänges unter Krampe 8, reißt diese aus dem Hauptkörper heraus und kann nun mit dem Gestänge nach oben gebracht werden.

Auch hier kann wie bei den beiden vorher beschriebenen Kolben die Einrichtung nach Abb. 18 benutzt werden. Geschieht dies nicht, so muß nach Herausziehen des Gestänges aus dem Kolben sofort oberhalb des Kolbens etwaiger Zement ausgespült werden, worauf das Gestänge ausgeholt werden kann.

d) Metallener Zementierkolben, der mit dem Hohlgestänge eingebaut wird und mit Kautschukpackung versehen ist, wobei beim Aufstoßen des Kolbens auf die Bohrlochsohle der Kolben fest und dicht in der Verrohrung wird.

Auf Abb. 28 ist ein solcher Kolben dargestellt. Er besteht aus der am unteren Ende mit $<$ Rillen versehenen Konusstange 1, auf der der Kautschukring 2 aufgepaßt ist. Am untersten Ende dieser Stange ist die Haube 3 aufgeschraubt, die die Kugel 4 am Abfallen hindert. Über der Konusstange ist gut passend das Führungs- und Ankerrohr 5 aufgesteckt, das unten geschlossen und mit seitlichen Schlitzen S—S_4 versehen ist. Am oberen Ende ist dieses Rohr mit einer Nute versehen, in der drei durch Federn betätigte Ansätze 6, 6a und 6b leicht beweglich eingesetzt sind. Am obersten Ende ist die Konusstange 1 mit Linksgewinde versehen, passend für das Verbindungsstück 7, das oben Anschluß an die Belastungsstange 8 und innen einen Ansatz für die Kugel 9 hat, die bei Verwendung der Vorrichtung nach Abb. 18 benötigt wird.

Der Kolben ist im abgedichteten Zustand, also bei ausgeweitetem Kautschukring gezeichnet. Beim Einbauen des Kolbens wird die Konusstange 1 mit der untersten Rille in das Führungsrohr gehängt und der Kautschukring 2 unterhalb des Konus auf den zylindrischen Teil der Stange 1 aufgesetzt. Das Einlassen erfolgt langsam, damit das Führungsrohr 5 nicht vorzeitig durch den Widerstand der Flüssigkeit in der Verrohrung den Kautschukring auf den Konus schiebt. Während des Einlassens steht die Verrohrung auf Sohle auf (siehe Abbildung). Der Kolben wird bis auf die Bohrlochsohle gebracht, wobei beim Aufstoßen auf diese die Belastungsstange 8 mit dem Gestänge die Konusstange 1 nach unten drückt, dabei den Kautschukring ausweitend, wodurch der Kolben in der Verrohrung abgedichtet wird. Die drei Ansätze 6—6b werden dabei in eine Rille gedrückt und verhindern somit das Zurückgehen der Konusstange. Nun wird die Verrohrung mit dem Kolben ca. 30—40 cm angehoben, freigespült und der Zement hinterpreßt.

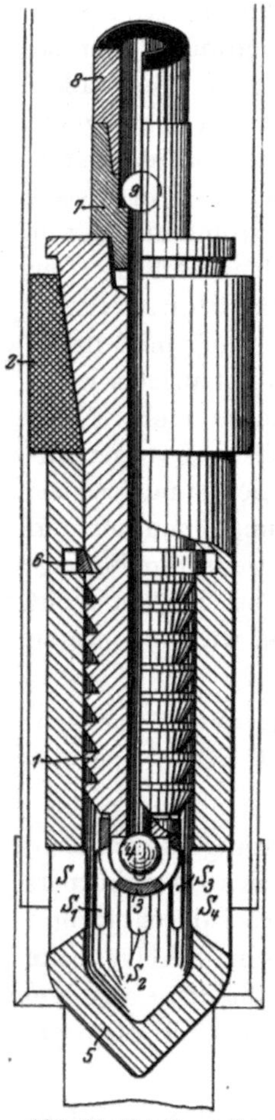

Abb. 28. Metallener Zementierkolben mit Kautschukpackung, der mit dem Hohlgestänge eingebaut wird, wobei beim Aufstoßen des Kolbens auf die Bohrlochsohle die Packung zum Anliegen kommt.

Nach Beendigung der Zementierung wird durch Rechtsdrehen am Gestänge dieses mit der Belastungsstange und dem Verbindungsstück aus dem Kolben herausgeschraubt, tüchtig mit klarem Wasser ausgespült und aufgeholt.

Ist der Zement erhärtet, so überbohrt man den Kolben mit einer Stahlkrone, wobei wegen der Bauart des Kolbens nur Kautschuk und Zement durchbohrt zu werden brauchen. Der stehengebliebene Kolben wird dann durch Einwerfen von kleinen Steinchen in das Gestänge im Kernrohr verklemmt und zutage gebracht.

e) Metallener Zementierkolben, der mit dem Hohlgestänge eingebaut und mit Kautschukpackung versehen ist, wobei durch Anheben des Gestänges der Kolben an einer beliebigen Stelle der Verrohrung dicht und fest wird.

Abb. 29 zeigt einen solchen Kolben. Er ist zusammengestellt aus dem Rohrstück 1, das mit dem unteren Ende an Konus 2 geschraubt ist, auf welchem die Kautschukpackung 3 angebracht wird. Oberhalb des Konus 2, durch die zylindrische Feder 6 gehalten, ist Konus 4

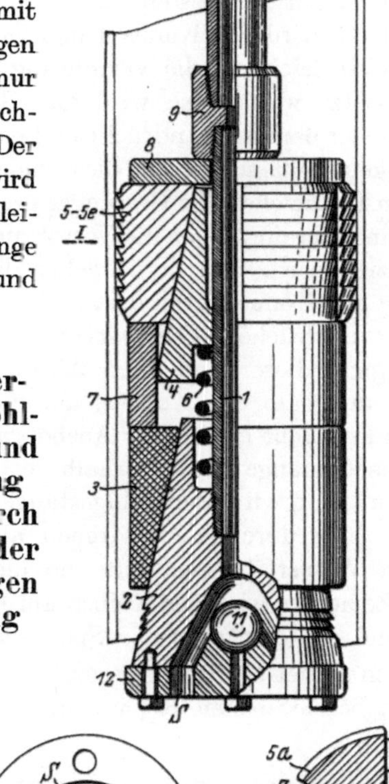

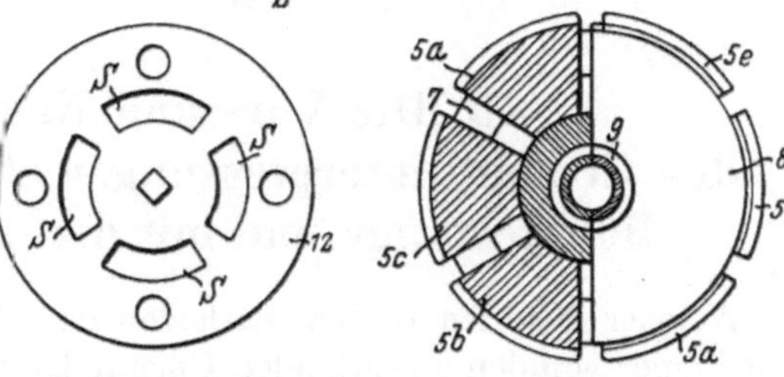

Abb. 29. Metallener Zementierkolben mit Kautschukpackung, der beim Anheben des Hohlgestänges an einer beliebigen Stelle der Verrohrung zum Abdichten kommt.

beweglich auf dem Rohrstück 1 angeordnet. An Konus 4 gleiten die sechs Backen 5—5e, die unten durch Ring 7 und oben durch die Scheibe 8 in ihrer Lage gehalten werden. Scheibe 8 wird durch die Spezialmuffe 9, die an Rohrstück 1 angebracht ist, am Ausweichen gehindert. In der Aushöhlung des unteren Endes von Konus 2 ist die Kugel 11 untergebracht, die durch Deckel 12 gegen Abfallen gesichert ist.

Gebrauchsanweisung. Nach Zusammensetzung des Kolbens wird dieser am Hohlgestänge zunächst bis Ring 7 in die Verrohrung eingelassen, worauf die Backen 5—5e eingesetzt werden. Nun kann der Kolben weiter bis zur Absetzstelle eingebaut werden. Durch die Spannung der Feder 6 wird der Konus 4 dauernd nach oben gehoben, wodurch die Backen leicht an die Verrohrung gedrückt werden. Soll der Kolben festgesetzt werden, so wird das Gestänge angehoben, wobei Konus 2 die Feder 6 zusammendrückt und dadurch den Konus 4 stärker gegen die Backen preßt, so daß sich diese in der Verrohrung festklemmen. Beim weiteren Hochziehen des Gestänges preßt Konus 2 die Kautschukpackung auseinander und gegen die Verrohrung, wobei ein vollkommenes Abdichten erzielt wird. Ein Zurückgehen des Konus 2 wird durch die Einkerbungen im Konus verhindert, da sich diese fest in die Kautschukpackung eindrücken. Nun kann die Zementierung beginnen. Nach Beendigung dieser und nach Abstellen der Pumpe drückt die Zementsäule unterhalb des Kolbens auf die Kugel 11, diese schnellt nach oben und schließt hierbei die Ausbohrung im Kolben, so daß kein Zement in das Gestänge bzw. oberhalb des Kolbens in die Verrohrung gelangen kann. Nun wird das Hohlgestänge, dessen unterste Stange 10 Linksgewinde hat, durch Rechtsdrehen abgeschraubt, das Gestänge nochmals mit Wasser durchgespült und hierauf ausgeholt. Nach Erhärtung des Zementes wird der Kolben am besten mit einer Stahlkrone ausgebohrt und die Kontrolle der Sperre vorgenommen.

Der Kolben eignet sich ganz besonders gut bei der Ausführung der weiter hinten beschriebenen Reparaturarbeiten.

3. Die Vor- und Nachteile
der Zementhinterpressungsmethoden mit dem Hohlgestänge und mit den zwei Stopfen.

Welcher von den beiden Methoden der Vorzug zu geben ist, wird fast immer von den obwaltenden Umständen abhängig gemacht werden müssen. Bei Bohrungen, wo für die Bohrarbeit bereits Hohlgestänge in Verwendung ist, wird man meistens auch für die Zementierungsarbeiten davon Gebrauch machen. Dagegen dürfte bei Trockenbohrungen oder „Rotary" vielfach das Zweistopfensystem vorgezogen werden.

Im folgenden sollen die Vor- und Nachteile beider Methoden aufgeführt werden.

Die Methode mit dem Hohlgestänge.

Vorteile.

1. Der Zement gelangt verhältnismäßig schnell hinter die Verrohrung. Bei Verrohrungen über 10″ Durchmesser und bei größeren Teufen kann meistens nur noch mit Hohlgestänge zementiert werden.

2. Die Dickspülung kann sofort bei der Entfernung hinter der Verrohrung durch Zement ersetzt werden, was bei nachfallendem Gebirge oder starkem Gasdrucke unbedingt nötig ist.

3. In Fällen, wo die vorher bemessene Menge des Zementes nicht hinter die Verrohrung geht, kann die Zementzufuhr beizeiten beendet oder die im Gestänge verbliebene Menge leicht herausgespült werden.

Nachteile.

Aufenthalt durch Transport, Ein- und Ausbauen und Mehrbelastung des Kontos „Bohranlage“ bei Trockenbohreinrichtungen und „Rotary“.

Die Methode mit den zwei Stopfen.

Vorteile.

1. Gleichmäßigeres und stärkeres Aufsteigen des Zementbreies hinter der Verrohrung, dadurch gute Reinigung der Verrohrung und der Bohrlochwand von der Dickspülung.

2. Bei Trockenbohreinrichtungen und „Rotary“ keine Extraanschaffungskosten, kein Zeitverlust durch Transporte, Einbauen und Ausholen des Hohlgestänges. (Besonders zeitraubend wäre bei Trockenbohreinrichtungen die Manipulation mit dem Hohlgestänge, da bei solchen Bohrbetrieben wegen der zu schwachen Fördereinrichtung das Fördern des Hohlgestänges nur nach Einschaltung eines mehrrolligen Flaschenzuges geschehen könnte.)

Nachteile.

1. Längere Zeitdauer, bis der Zement hinter die Verrohrung gelangt. Für Verrohrungen über 10″ Durchmesser schlecht anwendbar.

2. Zu lange Zeitdauer der Bewegung der Flüssigkeitssäule hinter der Verrohrung, ehe der Zement die verdrängte Dickspülung ersetzt, was bei Nachfall oder Gaszudrang unter Umständen nicht nur ein Mißlingen der Zementierung herbeiführen würde, sondern sogar schweren Schaden am Bohrloch verursachen könnte.

3. Treten während der Zementhinterpressung starke Behinderungen ein, die durch den Pumpendruck nicht zu beheben sind und zur Arbeitseinstellung zwingen, so wird es meistens schwierig sein, den noch in der Verrohrung befindlichen Zementbrei vor der Erhärtung herauszuholen, woraus dann langwierige Ausbohrarbeiten entstehen.

Aus dem Gesagten ist zu ersehen, daß bei der Hohlgestängemethode jede Zementhinterpressung mit einer Sicherheit ausgeführt werden kann, wie sie bei dem Zweistopfensystem nicht vorhanden ist.

Der Vorwurf, der der Hohlgestängemethode öfters gemacht wird, daß man nur ungenau und unsicher den Zeitpunkt bestimmen kann, wann der Zement aus dem Gestänge heraus ist und die Spülwasserzufuhr abgestellt werden soll, ist bei Einschaltung einer Einrichtung, wie sie auf Abb. 18 gezeigt wird, nicht mehr stichhaltig.

Die Frage der Zeitdauer vom Anrühren des Zementes bis zum Abstellen der Pumpe ist so zu beantworten, daß $1^1/_2$ Stunden für normale Fälle nicht überschritten werden dürfen. Man sollte deshalb vorher auch rechnerisch feststellen, nach welcher Methode man vorgehen kann.

Einige Beispiele sollen dies erläutern.

Beispiel 1.

Eine Verrohrung von 300 mm lichtem Durchmesser soll bei 500 m mit ca. 5000 l Zementbrei hinterpreßt werden. Wieviel Zeit würde die Hinterpressung bei Anwendung der Zweistopfenmethode und wieviel Zeit mit Hilfe eines Hohlgestänges von 50 mm lichtem Durchmesser erfordern?

Inhalt von 1 m der 300 mm Verrohrung = 70,7 l.

Inhalt von 1 m des 50 mm Hohlgestänges = 1,96 l.

Verfügbare Pumpe bei Verwendung der Zweistopfenmethode = Leistung 400 l minutlich, bei Hohlgestänge = Leistung 200 l minutlich.

Bei Anwendung der Zweistopfenmethode würde demnach an Zeit zum Hinterpressen benötigt werden, wie die folgende Berechnung ergibt:

Inhalt der Verrohrung = 500 m × 70,7 . . . . =	38 000 l
Benötigte Zeit zum Auspressen = 38 000 : 400 . . . . =	95 min
Anrühren und Einfüllen von 5000 l Zement in die Verrohrung =	30 min
Zusammen =	125 min

Dagegen würde man bei Verwendung der Hohlgestängemethode auskommen mit:

Inhalt des Hohlgestänges = 500 m × 1,96 . . . . =	980 l
Anfüllen des Gestänges = 980 : 200 . . . . =	5 min
Auspressen von 5000 l Zementbrei hinter die Verrohrung = 5000 : 200 . . . . =	25 min
Anrühren des 1. Bottichs . . . . =	10 min
Zusammen =	40 min

Beispiel 2.

Eine Verrohrung von 110 mm lichtem Durchmesser soll bei 1600 m Tiefe mit 2000 l Zementbrei hinterpreßt werden. Wieviel Zeit ist dafür bei der Zweistopfenmethode und beim Hohlgestänge von 30 mm lichtem Durchmesser nötig?

Inhalt von 1 m der 110 mm Verrohrung = 9,67 l.

Inhalt von 1 m des 30 mm Hohlgestänges = 0,7 l.

Verfügbare Pumpe bei Verwendung der Zweistopfenmethode = Leistung 300 l minutlich, bei Hohlgestänge = Leistung 150 l minutlich.

Benötigte Zeit demnach bei der Zweistopfenmethode:

$1600 \times 9{,}67 = 15500 : 300$ . . . . = 52 min
Anrühren und Einfüllen von 2000 l . . . . = 15 min

Zusammen = 67 min

Benötigte Zeit beim Hohlgestänge dagegen:

$1600 \times 0{,}7 = 1120 : 150$ . . . . = 7 min
Auspressen $2000 : 150$ . . . . = 14 min
Anrühren des 1. Bottichs . . . . = 10 min

Zusammen = 31 min

Aus Beispiel 1 wäre zu schließen, daß die Zementhinterpressung unter allen Umständen nach der Hohlgestängemethode ausgeführt werden muß, da die errechnete Zeit von 2 Stunden 5 Minuten, die bei Anwendung der Zweistopfenmethode nötig ist, in Wirklichkeit noch größer sein würde, je nach eintretendem Nachfall, Undichtwerden der Plunger und Ventile bei der Pumpe, so daß die Höchstdauer der Zeit, in welcher der Zement in Bewegung sein darf, weit überschritten würde und somit das Abbinden des Zementes schlecht vonstatten ginge.

Bei Beispiel 2 wäre in bezug auf die Zeitdauer nicht mehr so wesentlich, welche Methode gewählt würde, da die erlaubten $1^{1}/_{2}$ Stunden auch bei Anwendung der Zweistopfenmethode nicht überschritten werden.

Das Gesagte gilt für langsam bindenden Zement. Wird Schnellbinder verwendet, so dürfte das Hinterpressen nur mit Hilfe des Hohlgestänges ermöglicht werden.

C. Sperren durch Einpressen der Dichtungsmaterialien in die wasserführenden Schichten, Klüfte und Spalten des Gebirges, aber ohne Anwendung einer Verrohrung.

Die Vorteile dieser Methode sind:

Jedes angefahrene Wasser kann sofort, ohne Anwendung einer Verrohrung, also ohne Verlust an Bohrlochdurchmesser, gesperrt werden.

Die Sperre ist bei Zementverwendung fast unzerstörbar, da sie nicht, wie bei Verwendung von Stahlröhren, die dem Verrosten ausgesetzt sind, von der Widerstandsfähigkeit der Rohre gegen Salzwasser abhängig ist.

Die Ausführung solcher Sperrarbeiten bedingt allerdings große Aufmerksamkeit beim Bohren, damit jeder angefahrene Wasserhorizont sofort festgestellt wird. Weiter erfordern diese Arbeiten auch viel Zeit, da nach jeder Einpressung auf die Zementerhärtung gewartet werden muß.

Die Ausführung von Sperrarbeiten ohne Benutzung einer Verrohrung ist leider im Erdölbohrbetriebe wenig bekannt.

Das Einpressen des Dichtungsmateriales (speziell Zement) in die Klüfte geschieht öfters unfreiwillig bei Hinterpressungen, wenn der Druck der Zementsäule + der darüber stehenden Dickspülung hinter der Verrohrung größer wird, als der hydrostatische Druck des in den Klüften anstehenden Wassers beträgt. Tritt solch ein Fall ein, so steigt der Zement nicht mehr hinter der Verrohrung auf, sondern dringt in die wasserführenden Klüfte. Dies macht sich dadurch bemerkbar, daß während des Zementhinterpressens der Ausfluß über Tag aufhört, die Pumpe aber trotzdem weiter drücken kann.

Toneinpressungen sind in größerem Maßstabe bei den Gasbohrungen in Siebenbürgen durch die Firma Trauzl & Co., Wien ausgeführt worden. Allerdings nicht zum Absperren von Wasser, sondern zum Verdichten des Deckengebirges, um das Eindringen des darunter angebohrten Gases und das hierauf folgende Entweichen dieses außerhalb der Verrohrung zu verhindern.

Sand wird manchmal zum Abdichten von angebohrten Quellen benutzt, wenn diese durch starkes Überlaufen die Bohrarbeit hindern. Dabei muß vorher die Bewegung des Wassers aufgehoben werden, damit der eingebrachte Sand sich setzen, d. h. in die Klüfte eindringen kann, um diese zu verstopfen.

Im Bergbau beim Abteufen von Schächten wird schon seit längerer Zeit Zement zum Versteinern der wasserführenden Klüfte benutzt. Die dabei erzielten, sehr günstigen Erfolge sind entweder in der Bohrindustrie nicht genügend bekannt und richtig gewürdigt worden, oder man scheute die Kosten für die unter Umständen notwendigen größeren Zementmengen, oder schließlich wollte man nicht Zeit durch Warten auf das Erhärten der bei jedesmaligem Anfahren von Wasser nötig werdenden Zementierung verlieren. Es ist sonst nicht zu verstehen, warum man bis jetzt aus den Erfahrungen im Bergbau fast gar keine Nutzanwendung für den Bohrbetrieb gezogen hat.

Die Einpressungsarbeiten werden je nach Verwendung der benötigten Dichtungsmaterialien eingeteilt in: 1. Einpressen von Zement, 2. Einpressen von Ton, 3. Einpressen von Sand.

1. Das Einpressen von Zement.

Zement ist auch bei dieser Art von Sperren als das dauerhafteste und zuverlässigste Dichtungsmaterial anzusehen.

Er kann nicht nur im Sande, Sandstein, sandigem Schiefer, Kalkstein und Basalt mit Vorteil verwendet werden, sondern wird auch in

Verbindung mit hydraulischen Kalken selbst in bröckligem Schiefer und Mergel, wenn diese nur nicht bituminös sind, gut zur Wirkung kommen.

Die oberen Tages- und Schotterwässer werden zweckmäßig auch hier mit Hilfe von Verrohrungen gesperrt, da es nötig ist, wegen der Abdichtung nach oben zu das Bohrloch ca. 60—100 m gut verrohrt zu haben.

Wird nun beim Tieferbohren Wasser angefahren, so stellt man das Bohren ein und untersucht zunächst, ob es möglich ist, in die wasserführenden Schichten bzw. Klüfte Wasser einzupressen. Gelingt dies, so wird auch Zement eingepreßt werden können, und man kann dann sofort mit den Vorbereitungen für die Zementierung beginnen. Ist es aber unmöglich, mit den vorhandenen Einrichtungen Wasser einzupressen, oder hält die Abdichtung der Verrohrung über Tag nicht, so müssen entweder andere Preßeinrichtungen beschafft resp. die vorhandenen Mängel abgestellt oder die Sperre muß mit Hilfe einer Verrohrung ausgeführt werden.

Die Anordnung auf Abb. 30 zeigt das Bohrloch im Zustande, wo die Zementeinpressung beginnen kann. Das Schotterwasser ist mit der Verrohrung 1 im Ton gesperrt. Außerdem wird die Verrohrung möglichst hoch mit Ton oder Sand hinterpreßt und über Tag im Bohrtäucher 2 abgedichtet. Der Bohrtäucher kann unten mit einer Spirale

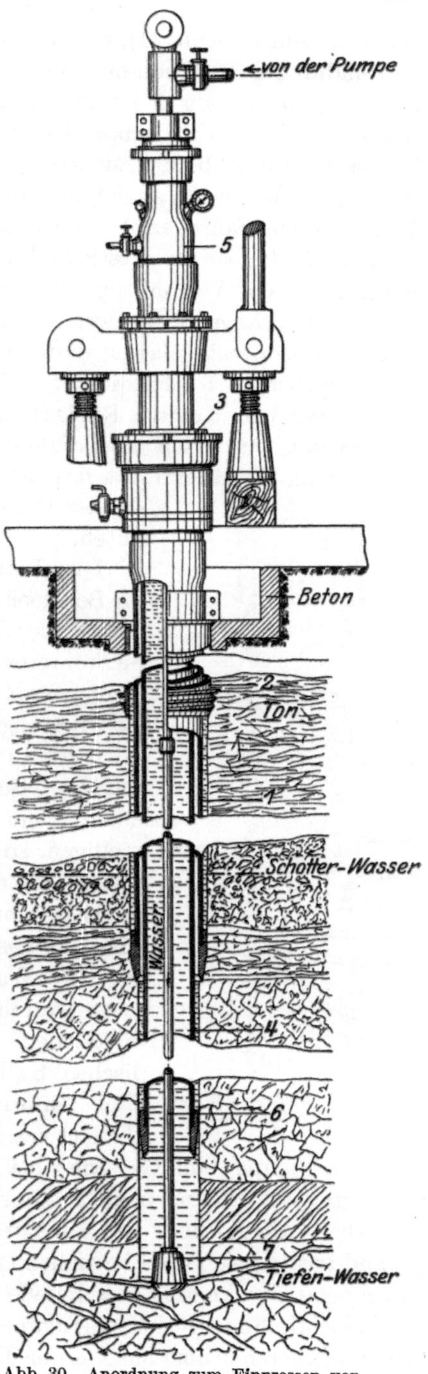

Abb. 30. Anordnung zum Einpressen von Dichtungsmaterial.

versehen sein (s. Abb. 31), mit der er in den Boden fest eingedreht wird und dadurch gut abdichtet. Oben wird der Täucher in Beton gesetzt. Auf der Verrohrung 1 ist die Stopfbüchse 3 aufgeschraubt, die zur Abdichtung von Verrohrung 4 dient. Die Konstruktion dieser Stopfbüchse ist aus Abb. 32 ersichtlich. Die Verrohrung 4 wird, wenn angängig, einige Meter über den angefahrenen Wasserhorizont angehoben und oben in dieser Stellung abgefangen. In der Verrohrung selbst wird nun das Hohlgestänge 6 bis zum angebohrten Wasserhorizont eingelassen und oben durch die Stopfbüchse 5 abgedichtet. Unten ist das Gestänge mit einem Rückschlagventil 7 ausgerüstet, um nach Beendigung der Zementierung ein Rückfluten des Zementes in das Gestänge zu verhüten.

Ist Dickspülung im Bohrloch, so muß diese vor dem Zementeinpressen entfernt werden. Läßt sich dies wegen Nachfall oder zu befürchtenden Gasausbrüchen nicht bewerkstelligen, so wird der untere Teil des Bohrlochs bis einige Meter oberhalb des zu sperrenden Wasserhorizontes durch langsam bindenden hydraulischen Kalk ersetzt. Das Einbringen des Kalkes geschieht ver-

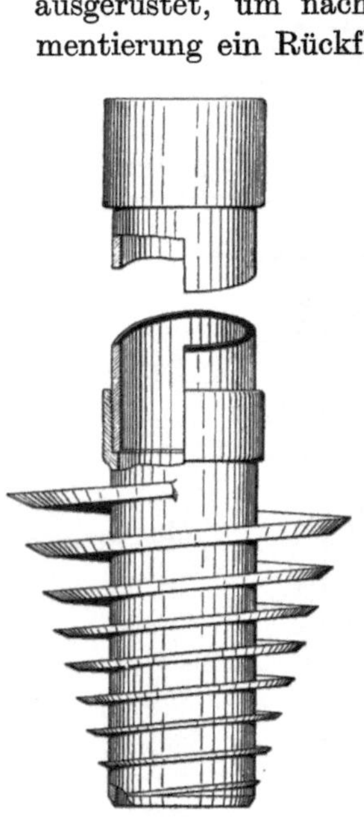

Abb. 31. Rohrtäucher mit Dichtungsspirale.

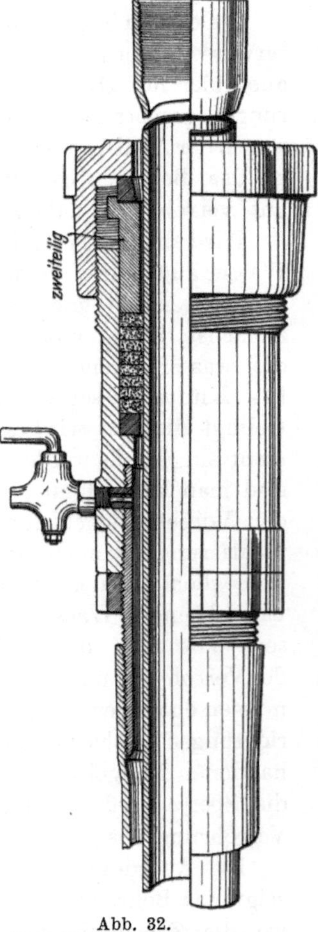

Abb. 32.
Rohrstopfbüchse für Rohre.

mittels Pumpe und Gestänge bei offenem Bohrloch, so daß die verdrängte Dickspülung über Tag auslaufen kann.

Die Aufbereitung des Zementes kann bei kleineren Arbeiten von Hand aus in zwei Mischbottichen erfolgen, während für größere Zementierungen zweckmäßig maschinelle Mischeinrichtungen benutzt werden.

Das Mischungsverhältnis richtet sich hauptsächlich nach den größeren oder kleineren Abmessungen der Eintrittsöffnungen des Gebirges. Bei großen Spalten kann der Zement dick angerührt werden, bis zu 5 kg Zement auf 10 kg Wasser (so dick, daß die Pumpe die Mischung noch annimmt). Dagegen muß man bei kleinen Poren mit dem Mischverhältnis heruntergehen bis auf 1 kg Zement : 10 kg Wasser.

Ob man es mit großen oder kleinen Öffnungen zu tun hat, kann man daran erkennen, daß bei großen Öffnungen verhältnismäßig viel Flüssigkeit ohne Anwendung eines hohen Pumpendruckes eingepreßt wird, während bei kleinen Öffnungen nur wenig Flüssigkeit und unter hohem Druck eingepreßt werden kann.

Hat man den Zementbrei in der gewünschten Konsistenz angerührt, so wird zunächst Wasser in das Hohlgestänge gepumpt, und falls dieses in die Gebirgsöffnungen eindringt und sich über Tag an den Stopfbüchsen usw. keine Leckstellen bemerkbar machen, so kann ohne Abstellung der Pumpe die Zementmischung in den Saugkasten geleitet und von hier aus in das Gebirge eingepreßt werden.

Die Menge des einzupressenden Zementes hängt ebenfalls von der Größe der Spalten bzw. der Aufnahmefähigkeit des wasserführenden Sandes ab. Im allgemeinen ist bei Sandschichten kein allzu großer Zementverbrauch zu befürchten, dagegen kann zur Verfüllung größerer Spalten oftmals viel Zement benötigt werden. Um an Kosten zu sparen, wird man natürlich bestrebt sein, möglichst wenig Zement zu verwenden, doch darf dieses Bestreben auf den ganzen Arbeitsplan nie so viel Einfluß ausüben, daß das Gelingen der Arbeit gefährdet werden könnte. Zweckmäßig wird man so vorgehen, daß nach Beurteilung des schwereren oder leichteren Einpressens von Wasser weniger oder mehr Zement bereitgestellt wird. Als Minimum kann dabei ca. 2000 kg und als Maximum ca. 15000 kg gelten.

Um bei Verfüllung großer Spalten den Zementverbrauch zu verringern, wird ganz dicker Zementbrei verwendet und dieser möglichst schnell eingepreßt. Gebraucht man dabei noch einen schnellbindenden, stark magnesiahaltigen Zement, so wird meistens ein Verstopfen der Spalten ohne allzu großen Zementverbrauch erreicht werden können.

Beim Beginn des Wassereinpressens werden die Lufthähne an den Stopfbüchsen der Verrohrungen 1 und 4 so lange offengehalten, bis Wasser ausströmt.

Während des Zementeinpressens wird das Pumpenmanometer dauernd beobachtet. Zeigt das Manometer schon kurz nach Beginn des Pumpens Druckerhöhung und wurde dickflüssige Zementmischung verwendet, so muß diese verdünnt werden. Tritt dagegen eine dauernde, sich gleichmäßig steigernde Druckerhöhung erst später nach Einbringung größerer Zementmengen ein, so wird alles vorbereitet, um bei Ansteigen des Druckes bis ca. 5 at vor Erreichung des Pumpenhöchstdruckes Wasser auf den Zement zu pressen, damit das Gestänge und möglichst auch das Bohrloch vom Zement befreit werden. Die Menge des einzupressenden Wassers kann mit genügender Genauigkeit rechnerisch festgelegt werden. Dabei wird man bestrebt sein, lieber etwas mehr Zement im Bohrloch zu behalten und diesen nach Erhärten ausbohren, als mit dem Spülwasser in die Klüfte einzudringen.

Ist die Spülarbeit beendet, so wird das Gestänge einige Meter angehoben und das Bohrloch bis zur Erhärtung des Zementes unter Verschluß gehalten.

Die Wartezeit auf das Erhärten richtet sich nach der verwendeten Zementart. Angaben darüber siehe unter „Zementerhärtung", S. 9.

Nach erfolgter Erhärtung wird der etwa im Bohrloch verbliebene Zement ausgebohrt und die Kontrolle der Sperre vorgenommen.

Die Einpressungsarbeiten werden nicht immer in der beschriebenen Weise verlaufen. Zeigt sich z. B., daß nach Verbrauch von ca. $^3/_4$ der bereitgestellten Zementmenge noch keine Drucksteigerung eingetreten ist, so wird man die Zementmischung evtl. noch dicker machen und falls sich auch hierauf noch keine Druckerhöhung bemerkbar macht, dafür Sorge tragen, daß der Zement im Bohrloch bis einige Meter oberhalb des angebohrten Wasserhorizontes stehenbleibt und zum Erhärten kommt. Das Ansteigen des Zementbreies im Bohrloch erreicht man dadurch, daß der Schieber an der Gestängestopfbüchse geöffnet wird, so daß das durch den Zement verdrängte Wasser ausfließen kann. Schon während des Pumpens wird das Gestänge langsam höher gezogen, um ein gutes Setzen des Zementes zu ermöglichen und ein Festwerden der untersten Stange nebst Rückschlagventil zu verhindern.

Weiter muß in solchen Fällen darauf geachtet werden, daß Druckausgleich zwischen der Flüssigkeitssäule im Bohrloch und dem Wasserhorizont hergestellt wird, sonst würde z. B. der Überdruck im Bohrloch den Zement aus dem Bohrloch verdrängen, während der Überdruck des Wasserhorizontes den Zement im Bohrloch durch Bewegen am Abbinden hindern würde.

Der Überdruck im Bohrloch wird dadurch behoben, daß man den Flüssigkeitsspiegel im Bohrloch so weit absenkt, bis der Gleichgewichtszustand zwischen diesem und dem Wasserhorizont erreicht ist. Bis zu welcher Teufe die Absenkung vollzogen werden muß, zeigt die Beobachtung und Messung beim Anfahren des Wasserhorizontes (s. unter „Kontrolle der Sperren"). Das Entfernen des Wassers aus dem Bohrloch geschieht am einfachsten durch Anbringen eines Kolbens am Gestänge, und zwar an der Stelle, bis zu welcher das Wasser abgeschöpft werden soll.

Die Konstruktion eines solchen Kolbens zeigt Abb. 33. Am oberen Ende des Gestängestückes 1 ist der Kugelsitzteller 2 mit den vier Kugeln und Hauben 3—3c aufgepaßt. Durch das zylindrische Zwischenstück 4 und Muffe 5 ist der Teller festgemacht. Auf 4 sind die Gummiringe 6 und 6a nebst der Feder 7 aufgesetzt, die als Dichtung in der Verrohrung dienen. Der Wassereintritt beim Einlassen erfolgt durch die Löcher L und L_1, wobei die Kugeln angehoben und die Flüssigkeit über den Kolben steigen kann, während beim Ausholen die Öffnungen im Kolben durch die Kugeln geschlossen werden und die über dem Kolben stehende Flüssigkeit ausgefördert wird.

Ist Überdruck im Wasserhorizont vorhanden, so muß nach Einpressen des Zementes das Bohrloch so lange dicht verschlossen gehalten werden, bis der Zement erhärtet ist. — Bemerkbar macht sich dieser Überdruck dadurch, daß beim Öffnen der Lufthähne an der Verrohrung nach Beendigung des Zementeinpressens die Flüssigkeit aus der Verrohrung ausfließt.

2. Das Einpressen von Ton.

Die Toneinpressungen sollen hauptsächlich dazu dienen, das im Deckgebirge angefahrene Wasser sofort zu sperren, um das Eindringen in durchlässige Schichten zu verhindern.

Die Toneinpressungen können mit Vorteil in lockeren, weichen Schichten bei geringerem Wasserzudrang Verwendung finden. Dagegen dürfte Ton zum Absperren von stärkeren Wässern, die in Klüften von härterem Gebirge auftreten, nicht zu empfehlen sein, da Gefahr besteht, daß nach Beendigung des Einpressens der Ton durch den Druck des gesperrten Wassers zum Bohrloch zurückgepreßt wird. Je höher der beim Einpressen angewandte Druck war, um so größer wird die Sicherheit gegen Rücklaufen des Tones sein. Pumpendrücke von 25 at können als Minimaldrücke gelten, die bei Toneinpressungen Anwendung finden sollten.

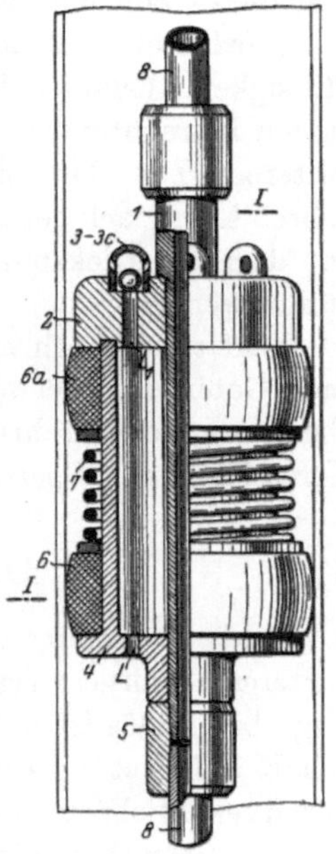

Abb. 33. Kolben mit Kautschukringen zum Schöpfen am Hohlgestänge.

Bezüglich des Mischungsverhältnisses kann auch hier gesagt werden, daß, je leichter das Einpressen vor sich geht, um so dicker die Tonbrühe angerührt werden muß und umgekehrt, je schwerer das Einpressen möglich ist, um so dünner die Mischung gemacht werden muß.

Die Menge des einzupressenden Tones richtet sich nach der Aufnahmefähigkeit der wasserführenden Schichten und der Maximalhöhe des vorhandenen Pumpendruckes.

Das Einpressen selbst vollzieht sich auf dieselbe Weise, wie beim Zement beschrieben wurde, nur braucht man hier natürlich etwaige Dickspülung in der Nähe des Wasserhorizontes nicht zu entfernen. Das Einpressen wird möglichst so lange fortgesetzt, bis kein Ton mehr in die wasserführenden Schichten eindringt. Ist die Tonmenge vor Eintritt dieses Zeitpunktes verbraucht, so wird nach Abstellen der Pumpe bei geöffneten Luftablaßhähnen an der Verrohrung festgestellt, ob Flüssigkeit ausläuft. Ist dies nicht der Fall, so kann die Arbeit als gelungen betrachtet werden, anderenfalls muß nach Herbeischaffung von weiterem Ton das Einpressen vervollständigt werden. Das Weiterbohren kann nach gelungener Arbeit sofort wieder aufgenommen werden, nur darf die Dickspülung aus dem Bohrloch nicht entfernt resp. verdünnt werden.

Wird tiefer noch ein zweites Wasser angefahren, so kann dieses je nach Gebirge wieder mit Ton oder Zement gesperrt werden. Falls man aber jetzt die Verrohrung absetzen will, so wird natürlich diese mit zur Herstellung der Sperre benutzt werden.

3. Das Einpressen von Sand.

Sandeinpressungen werden zum Verstopfen größerer Klüfte im härteren Gebirge ausgeführt, besonders, wenn das wasserführende Gebirge bituminös ist oder das zu sperrende Wasser starken Kohlensäuregehalt aufweist, so daß Zement nicht abbinden würde. Der Sand ist durch seine Schärfe vor dem Zurückdrängen besser geschützt als der Ton. Bei Grundsperren mit starkem Wasserzudrang leistet Sandeinpressung meistens die besten Dienste. Das Einpressen des Sandes erfolgt wie bei Zement und Ton, aber mit den Abänderungen, die schon unter „Sandhinterpressung" beschrieben worden sind, und ohne Anwendung eines Rückschlagventiles am unteren Ende des Hohlgestänges.

D. Sperren vermittels Verrohrung und daran befestigten Packungen aus Hanf, Kautschuk oder Blei.

Sperren mit Packungen werden hauptsächlich auf den Ölfeldern der Vereinigten Staaten von Nordamerika ausgeführt. Die Absetzstelle für die Packung verlangt festes und dichtes Gebirge. — Weiter muß das von der Packung zu passierende Gebirge möglichst nachfallfrei sein, da sonst die Packung durch Nachfallbrocken zerstört werden könnte.

Die Sperren sind leicht lösbar, bieten aber nicht die Sicherheit und Haltbarkeit wie die mit Zement ausgeführten, und eignen sich für größere Wasserdrücke überhaupt nicht. Weiter ist damit meistens der große Nachteil verknüpft, daß mindestens eine Rohrtour übersprungen werden muß, was nicht nur Verlust an Bohrlochdurchmesser bedeutet, sondern bei Hochführung der im Durchmesser reduzierten Verrohrung in dem viel größer gebohrten Bohrloch wird öfters die Entstehung von Nachfall begünstigt, der dabei Rohrbrüche verursachen kann.

1. Der Rohrschuh mit Packung.

Abb. 34 zeigt einen mit Bleipackung ausgerüsteten Rohrschuh. Beim Aufstoßen auf Sohle gleitet der Bleimantel an dem Konus des Rohrschuhs hoch, preßt sich dabei an die Bohrlochswand und dichtet ab.

Abb. 34a zeigt einen konischen Rohrschuh, der mit Blei- oder Kautschukpackung versehen wird und beim Absetzen in dem konisch vorgebohrten Bohrlochteil zum Abdichten kommt.

Um beim Einbauen der Verrohrung die Packung vor Beschädigung durch Anstoßen an die Bohrlochwandungen zu schützen, kann man sich einer Schutzvorrichtung bedienen, wie sie Abb. 34b zeigt. Ein dünnes, weiches Eisenblech 1 wird mit mehreren Einschnitten versehen und so gebogen, wie aus der Zeichnung ersichtlich. Hierauf wird dieses durch Stangenstück 3, Konus 5 und Schraube 6 an dem Holzpfahl 2 befestigt. Die Backen 4, die durch Konus 5 zum Eingriff

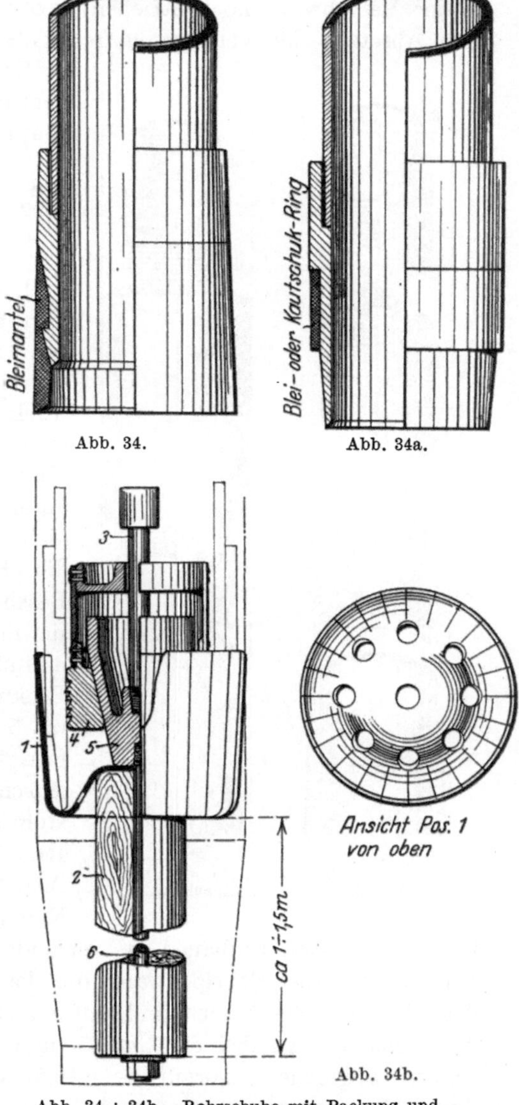

Abb. 34.

Abb. 34a.

Abb. 34b.

Abb. 34÷34b. Rohrschuhe mit Packung und Schutzvorrichtung beim Einbauen dafür.

gebracht werden, verhindern, beim Einbauen der Verrohrung ein Herausfallen der Schutzvorrichtung aus dieser. Durch Aufstoßen des Holzpfahles auf die Bohrlochsohle wird dieser mit dem Schutzblech in der Verrohrung hochgetrieben, wobei die Packung erst kurz vor dem Absetzen der Verrohrung freigegeben wird.

Das Aufholen der Schutzvorrichtung geschieht mit Hilfe eines Klappenfängers usw.

2. Die Verrohrung mit Hanfpackung.

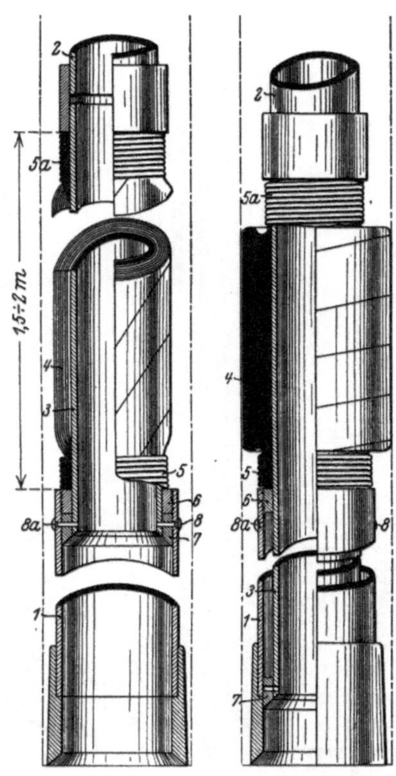

Abb. 35.   Abb. 35a.
Abb. 35 und 35a.
Verrohrung mit Hanfpackung.

Die Abb. 35 und 35a zeigen eine Verrohrung mit Hanfpackung (Jute), vor und nach dem Absetzen. In dem mit Schuh versehenen Rohrstück 1, das dem Bohrlochdurchmesser entspricht, ist die engere Verrohrung 2 eingesetzt, an deren untersten Rohr 3 die Jute-Packung 4 nicht zu fest aufgewickelt ist. Um die Packung beim Einbauen vor Beschädigungen zu schützen, wird sie mit einer Lage Segelleinwand umhüllt. Die beiden Enden der Packung werden mit starken Schnüren 5 und 5a an der Verrohrung befestigt. An dem Rohrstück 1 ist der Anschlagring 6 befestigt und an dem Rohr 3 der Ring 7. Dieser letztere Ring ist in der Einbaustellung, wie Abb. 35 zeigt, mit zwei schwachen Nieten 8 und 8a an dem Rohr 1 befestigt, um beim Einbauen zu verhindern, daß durch Anstoßen des Schuhes an die Bohrlochwand die Packung vorzeitig zusammengedrückt wird. Steht der Schuh auf der Bohrlochsohle fest auf, so werden zunächst die beiden Niete 8 und 8a durch die Last der Verrohrung abgeschert, worauf diese tiefer geht und hierbei die Packung durch Zusammenpressen zum Anliegen und Abdichten an der Bohrlochwand bringt.

Wie schon erwähnt, ist der Verlust an Bohrlochdurchmesser bei Anwendung von Packungen bedeutend. Besonders groß ist er aber bei Anwendung von Jute-Packung. Würde z. B. das Bohrloch für 9″ Verrohrung gebohrt, so könnten höchstens 6″ Rohre eingebaut werden.

Die Anwendung dieser Packung dürfte darum z. B. nur in Eruptionssonden bei der letzten Wassersperre, kurz vor dem Anfahren des Öles angebracht sein, da bei gleichzeitiger Verwendung als Fördertour die Verkleinerung des Rohrdurchmessers meistens sogar von Vorteil ist.

3. Die Verrohrung mit Kautschukpackung.

Auf den Abb. 36 und 36a ist eine Kautschukpackung vor und nach der Absetzung dargestellt. In dem verlängerten Rohrschuh 1, der am oberen Ende mit dem Anschlagring 2 versehen wird, ist das Packungsrohr 3 eingepaßt und unten mit Ring 4 ausgerüstet. Rohr 3 ist am oberen Ende nach außen zu konisch erweitert. Unterhalb dieser konischen Erweiterung befindet sich der Kautschukmantel 5. Die Verrohrung 6 wird in das Packungsrohr 3 eingeschraubt. Beim Einlassen wird vermittels der Niete 7 und 7a der Schuh in der in Abb. 36 gezeichneten Stellung festgehalten, um vorzeitiges Ausweiten der Packung zu verhindern. Beim Aufstoßen auf die Bohrlochsohle scheren Niete 7 und 7a ab, Rohr 3 mit der Verrohrung 6 gleiten tiefer und der Konus am Packungsrohr bringt den Kautschukmantel 5 durch Ausweiten zum Anliegen an die Bohrlochwand.

Kautschukpackungen verkleinern den Bohrlochdurchmesser weniger als Jutepackungen, da die Wandstärke des Kautschukmantels zur Erreichung

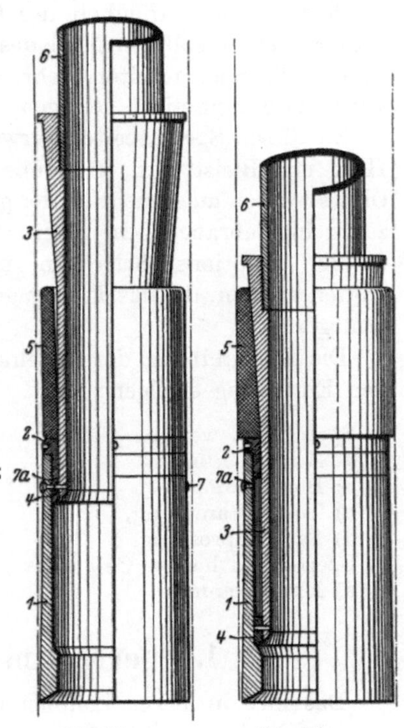

Abb. 36.   Abb. 36a.
Verrohrung mit Kautschukpackung.

einer guten Abdichtung viel dünner sein kann, als die Dicke der Jutewicklung betragen muß. Dagegen ist die Haltbarkeit der Kautschukpackung keine allzu lange, so daß man bei Dauersperren von ihrer Verwendung Abstand nehmen wird.

Anmerkung: Packungen, die durch Niederschrauben der Verrohrung zum Anliegen gebracht werden, sind unpraktisch, da beim Drehen der Verrohrung die Packung im Anfang mitdreht und dabei leicht an der Bohrlochwand beschädigt wird. Bei tiefen Bohrlöchern ist das Drehen des Rohrstranges wegen der unvermeidlichen Krümmungen des Bohrlochs meistens unmöglich. Auch das Lösen solcher Sperren ist schwierig.

E. Grundsperren.

Hierunter versteht man Sperren, die unterhalb eines Ölhorizontes, meistens auf der Bohrlochsohle oder in deren Nähe, ausgeführt werden müssen. Sie sind eigentlich schon als Reparaturarbeiten aufzufassen, da ihre Anwendung gewöhnlich erst nach unsachgemäßem Bohren (Überbohren des Ölhorizontes) nötig wird.

Je nach Beschaffenheit des Gebirges, in welchem die Sperre ausgeführt werden soll, der Nähe des Öles und dem Auftreten starker Gase, werden die Sperrarbeiten mehr oder weniger schwierig sein, manchmal auch überhaupt nicht gelingen.

Zu diesen Sperrarbeiten verwendet man Zement, Beton, Sand, Ton, Holz- und Bleistopfen, Bleiwolle sowie Kautschuk und Hanfpackung. Öfters werden auch mehrere der genannten Dichtungsmaterialien gleichzeitig in Gebrauch genommen.

Bei Eruptionsbohrlöchern müssen besondere Vorkehrungen getroffen werden, die das Einbringen der Packungen, des Gestänges usw. ermöglichen.

Die Beschreibung der einzelnen Arbeiten soll unter der nachstehenden Einteilung erfolgen:

1. Sperren im weichen Gebirge:
   a) Zementierung,
   b) Betonierung,
   c) Toneinstampfung,
   d) Sandeinpressung.
2. Sperren im harten Gebirge:
   a) Hanfpackung,
   b) Kautschukpackung,
   c) Holzstopfen,
   d) Bleistopfen und Bleiwolle,
   e) Zementierung,
   f) Sandeinpressung.
3. Ausführung der Sperrarbeiten in Eruptionsbohrlöchern.

1. Sperren im weichen Gebirge.

Das hier in Frage kommende Gebirge besteht meistens aus Ton und Sand. Ist der Ölhorizont im Liegenden durch eine Tonschicht von dem darunter vorkommenden Salzwasser getrennt, so wird bei Überbohrung des Ölhorizontes und Anfahren des Wassers fast immer eine Instandsetzung wieder möglich sein. Fehlt aber die Tonbasis und befindet sich unter dem Öl nur eine Sandschicht von geringer Mächtigkeit oder ist gar der unter dem Öl anstehende Sand schon mit Salzwasser durchtränkt, so wird das Gelingen der Sperrarbeiten fraglich, wenn nicht ganz ausgeschlossen sein.

a) Zementierung.

Zement wird zur Verdichtung in Sandschichten verwendet. Das Einbringen erfolgt mit Zementierbüchsen oder besser vermittels einer Pumpe durch ein Hohlgestänge.

Beim Einbringen vermittels Hohlgestänge wird dieses bis zur Sohle eingelassen, zunächst tüchtig mit möglichst warmem Wasser durchgespült, um das beim Einlassen in das Gestänge eingedrungene Öl zu entfernen und hierauf die Zementmischung in dicker Anmachung eingepumpt. Die Menge des Zementes wird so bemessen, daß er bis zum Ölhorizont aufsteigt. Man verwendet vorteilhaft schnellbindenden, stark magnesiahaltigen Zement. Während der Zementierung ist das Bohrloch bis obenan mit Wasser oder, bei stärkeren Gasen, besser mit Dickspülung gefüllt, um eine Kontrolle über den Arbeitsvorgang zu haben und Bewegung im Ölhorizont zu verhindern.

b) Betonierung.

Beton wird ebenfalls in Sandschichten verwendet. Man nimmt hierzu größere und kleinere scharfkantige Gesteinsstücke und groben Sand. Das Mischungsverhältnis wird etwa 1 Zement : 1 Sand : 1 Stein gewählt.

Das Einbringen zur Bohrlochsohle geschieht am besten in dünnen Blechbüchsen, sog. Patronen, die nach Anfüllung mit dem Beton gut verlötet und mit dem Bohrzeug eingelassen werden. Auf Sohle zerschlägt man die Patronen mit dem Bohrzeug, damit der Beton mit dem Gebirge in Berührung kommt. Man verwendet auch hierbei „Schnellbinder“.

Die Betonierung eignet sich besonders bei Bohrungen mit Trockenbohreinrichtungen.

c) Toneinstampfen.

Wird ausgeführt durch Einbringen von getrockneten Tonkugeln, die dann festgestampft werden, oder besser, wenn möglich, wird der Ton in fester Form mit einer Büchse, wie Abb. 13 zeigt, am Hohlgestänge eingebracht und festgeschlagen.

d) Sandeinpressung.

Sand wird vorteilhaft in Verwendung genommen, wenn die wasserführende Schicht aus losem Sande besteht. Er eignet sich aber auch bei festeren Sanden und Ton und zum Einpressen in Spalten und Klüften. Das Einpressen erfolgt vermittels Hohlgestänge und Pumpe, möglichst unter starkem Druck bei geschlossenem Bohrloch.

In den Vereinigten Staaten von Nordamerika verwendet man Sand mit Harzbeigaben, wobei auf ca. 7 Raumteile Sand 1 Raumteil feingestoßenes Harz (Kolophonium) kommt. Man will damit eine bessere und festere Abdichtung erzielen als nur mit reinem Sand. Das Harz wird bei ca. 25—30° C klebrig, kommt also erst bei Bohrteufen in Wirkung, die obige Temperaturen aufweisen. Über 800 m tiefe Bohrlöcher werden immer die zur Erweichung des Harzes erforderliche Temperatur haben.

Das Einbringen des Sandes mit dem Harz erfolgt durch Büchsen, wie sie Abb. 11 und 11a zeigen. Der Sand wird möglichst trocken in die Büchse gebracht, um das Entleeren auf Sohle zu erleichtern.

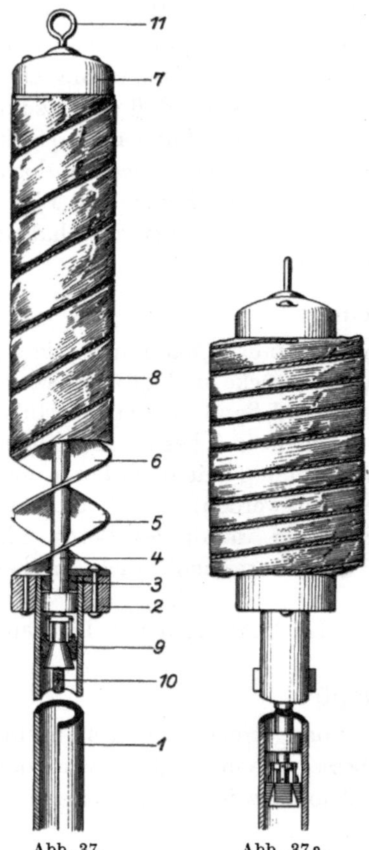

Abb. 37.   Abb. 37a.

Hanfpackung für Grundsperren
(Guiberson Crowell Bottom Water Plug).

2. Sperren im harten Gebirge.

In Frage kommt größtenteils Sandstein, Kalkstein und Schiefer. Bei einigermaßen sorgfältiger Ausführung der Sperrarbeiten im harten Gebirge ist voller Erfolg gesichert.

a) Hanfpackung.

Die Abb. 37 und 37a zeigen eine Konstruktion vor und nach der Absetzung, die in den Vereinigten Staaten von Nordamerika unter dem Namen „Guiberson Crowell Bottom Water Plug" bekannt und dort erfolgreich im Gebrauch ist. Der Packer besteht aus dem Distanzrohr 1, dessen Länge sich nach dem Abstand der Packstelle von der Bohrlochsohle richtet. Am oberen Ende dieses Rohres ist außen der Ring 2 und innen der Ring 3 angeschraubt. Ring 2 dient zur Befestigung der Spiralen 5 und 6 und Ring 3 als Halt für die Führungsstange 4. Die Spiralen werden aus Flußeisen hergestellt und müssen Federkraft besitzen. Die Länge im ausgezogenen, gespannten Zustande, wie Abb. 37 zeigt, beträgt zwischen 1,5—2 m. Die Führungsstange 4 ist oben mit Kappe 7 versehen, an welche die Spiralen 5 und 6 mit ihren anderen Enden befestigt sind. Der Holzkeil 10 verhindert ein unerwünschtes Zusammengehen der Spiralen. Die Hanfpackung 8 wird tüchtig mit Zement beschüttet und fest aufgewickelt. Die Befestigung der Hanfpackung erfolgt durch dünne Drähte, die durch Löcher an den

Außenseiten der Spiralen gezogen werden. Die Backen 9 verhindern ein Rückgehen der Führungsstange 4.

Beim Einlassen wird der Packer vermittels Ösenschraube 11 an das Bohrzeug befestigt und vorsichtig nach unten gebracht. Stößt Rohr 1 auf die Bohrlochsohle auf, so bricht zunächst, durch die Belastung mit dem Bohrzeug, der Holzkeil 10, worauf die Spiralen zusammengehen, die Hanfpackung zusammengepreßt wird und zum dichten Anliegen an Bohrlochwand und Führungsstange kommt. Beim Zusammengehen der Spiralen vergrößert sich der Durchmesser dieser. Die scharfen Ränder der Spiralen dringen dabei in die Bohrlochwand ein und geben der Packung einen sicheren Halt. Ein Hochgehen der Spiralen wird durch deren Federkraft und durch die Backen 9 an Führungsstange 4 verhindert.

Sollte die Last des Bohrzeuges nicht genügen, um die Packung fest genug zusammenzupressen, so wird durch vorsichtiges Schlagen mit dem Bohrzeug nachgeholfen.

b) Kautschukpackung.

Auf den Abb. 38 und 38a ist ein einfacher Kautschukpacker vor und nach dem Absetzen dargestellt. Er besteht aus dem Ankerrohr 1, das an Flansch 2 angeschraubt ist, der als Auflage für den Kautschukmantel 3, als Führung für die Stange 5 des Konus 4 und als Halt für das Federrohr 6 dient. Der Holzkeil 7 hält den Packer beim Einlassen zusammen.

Stößt das Ankerrohr 1 beim Einlassen auf die Bohrlochsohle auf, so bricht der Keil 7, Konus 5 geht tiefer, preßt die Packung 3 auseinander und gegen die Bohrlochwand, so daß Abdichtung erfolgt. Am Rückstoßen durch evtl. Gasdruck wird der Konus durch

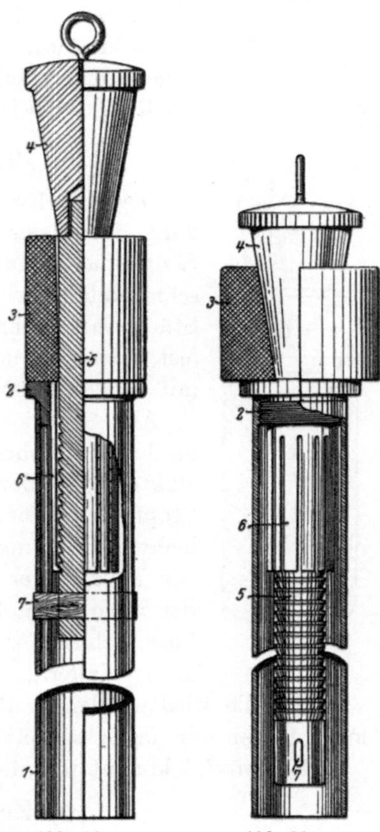

Abb. 38. Abb. 38a.
Kautschukpackung für Grundsperren.

das Eingreifen des Federrohres 6 in die Rillen der Stange 5 verhindert.

Die Haltbarkeit der Kautschukpackung ist eine beschränkte, da der Kautschuk nach längerer Wassereinwirkung hart und spröde wird, so daß er nicht mehr abdichtet. Seine Verwendung bei Grundsperren ist daher nicht empfehlenswert.

c) Holzstopfen.

Die auf Abb. 5 dargestellte Stopfenkonstruktion für Verwendung bei Rohrabpressungen kann auch bei Grundsperren benutzt werden. Die Länge des oberen Teiles wird man dabei, wenn möglich, ca. 1—1,5 m machen, um eine große Dichtfläche zu erhalten. Die Länge des verjüngten Teiles wird sich nach der Höhe der Dichtstelle von der Bohrlochsohle aus richten. Aus Herstellungsrücksichten wird man mit der Gesamtlänge nicht gern über 2,5—3 m hinausgehen. Sind größere Längen zu verdichten, so nimmt man Stein- oder Gußeisenbrocken zur Verfüllung und setzt auf diese den Stopfen. Die Konizität des Stöpsels 2 wird klein gewählt, um ein Herausdrücken durch Gas zu verhindern. — Als Holz eignet sich Weißbuche, wegen seiner Haltbarkeit und verhältnismäßig starkem Quellen, am besten.

d) Bleistopfen und Bleiwolle.

Abb. 39.

Die einfachste Form der Bleidichtung ist die Anwendung des Bleies in Zylinderform von ca. 0,5—0,75 m Länge und etwas kleinerem Durchmesser, als der zu verschlagende Bohrlochteil beträgt. Man bringt die einzelnen Stücke am Bohrzeug zur Sohle und stampft sie dort fest, oder wirft sie ins Bohrloch und fährt erst hierauf mit dem Bohrzeug ein.

Abb. 39 zeigt einen Bleistopfen, der mit einer konischen Ausbohrung versehen ist, in die ein gut verzinkter Eisendorn eingeschlagen wird, wodurch der Stopfen sich ausweitet und zum Anliegen an die Bohrlochwand kommt. Beim Einlassen wird am besten der Bleizylinder allein bis zur Sohle gebracht, worauf der Dorn nachfolgt. Der Konus des Dornes muß möglichst schlank sein, um ein Herausdrücken durch Gase zu verhindern.

Bleiwolle wird in kleinen Bündeln eingebracht und auf der Bohrlochsohle einzeln festgestampft.

Als Material kommt nur das beste Weichblei zur Verwendung.

e) Zementierung.

Die Zementeinpressung oder Verfüllung erfolgt auf dieselbe Weise, wie bei Sperren im weichen Gebirge.

f) Sandeinpressung.

Sandeinpressung wird im harten Gebirge zum Verstopfen von Spalten verwendet. Sie erfolgt vermittels Hohlgestänge bei geschlossenem Bohrloch.

3. Ausführung der Sperrarbeiten in Eruptionsbohrlöchern.

Für die unter 1 und 2 beschriebenen Sperrarbeiten gilt die Voraussetzung, daß keine zu starken Gase auftreten und besonders kein starker, dauernder Ölausfluß vorhanden ist, damit am offenen Bohrloch gearbeitet werden kann.

Sollen dagegen die Sperrarbeiten bei eruptiven Bohrlöchern ausgeführt werden, so muß der Bohrlochmund mit Stopfbüchsen und evtl. anderen Vorrichtungen so verschlossen werden, daß das Einbringen des Dichtungsmaterials resp. Einlassen und Ausholen des Hohlgestänges vor sich gehen kann, ohne daß dabei größere Mengen Flüssigkeit ausgeworfen werden und keine Gefahr für die Bohrbelegschaft eintritt.

Am einfachsten gestaltet sich die Herrichtung des Rohrkopfes resp. Bohrlochmundes bei Verfüllungs- oder Einpressungsarbeiten mit Verwendung eines Nippelhohlgestänges.

Auf Abb. 40 ist ein Bohrlochverschluß mit Stopfbüchsenanordnung dargestellt, wie er zum Einbringen eines Packers, Büchse usw. nebst kurzer Schwerstange am Nippelgestänge benötigt wird.

Mit dem Hauptschieber 1 der Fördertour ist durch einen Rohrnippel das Kugelstück 2 nebst Schieber 3 verbunden. Auf dem Kugelstück ist der Doppelschieber 4 aufgeschraubt. In diesen ist Rohr 5 eingeschraubt, an dessen oberem Ende die Stopfbüchse 6 befestigt wird.

Das Maß A richtet sich erstens nach der Turmhöhe und dann nach der Länge des Packers nebst Länge der zum Festschlagen benutzten Schwerstange. Im allgemeinen wird 7—8 m ausreichen, wobei 1,5—2 m für den Packer und 5,5—6 m für die Schwerstange gerechnet werden kann. Das Maß B, die Länge des ersten Gestängezuges, wird dann 8—9 m betragen.

Das Einlassen des Packers nebst Schwerstange bis auf die Nuß des Hauptschiebers 1 muß vor dem Einschrauben des Rohres 5 geschehen. Hierauf wird Rohr 5 mit Stopfbüchse 6 aufgeschraubt und die Hohlnippelstange mit der Schwerstange verbunden. Jetzt wird der Hauptschieber 1 ein wenig geöffnet, damit der Raum oberhalb des Schiebers bis zur Stopfbüchse 6 mit Öl gefüllt werden kann; das angesammelte Gas wird vorher durch Luftabblasehahn 7 entfernt. Tritt Öl aus diesem Hahn, so wird der Hauptschieber ganz geöffnet und der Packer nebst Schwerstange durchgeschleust, bis die Hohlstange im Doppelschieber 4 steht. Nun wird dieser Schieber geschlossen, Rohr 5 aus-

geschraubt und etwas angehoben, worauf die Hohlstange abgefangen
werden kann. Nach Entfernung des Rohres wird die Stopfbüchse 6
auf den Doppelschieber geschraubt, worauf dieser geöffnet wird und
das Aufschrauben und Einlassen des weiteren Gestänges vor sich gehen

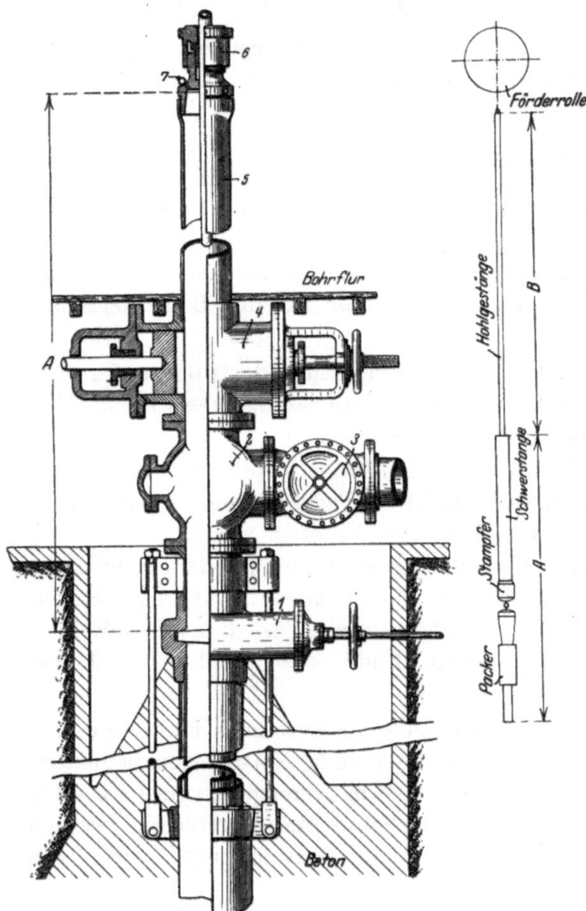

Abb. 40. Bohrlochverschluß mit Stopfbüchse zum Einbauen
von Packungen usw. vermittels Nippelhohlgestänge
in Eruptionsbohrlöchern.

kann. Während des
Einlassens wird Schie-
ber 2 etwas offen ge-
halten, um das durch
das Gestänge ver-
drängte Öl zu entfer-
nen. Ein starkes Aus-
fließen des Öles wird
meistens nicht er-
wünscht' sein, da dabei
die Ölsäule im Bohr-
loch eine Geschwindig-
keit erreichen könnte,
die das Einlassen des
Hohlgestänges hindern
würde. Soll nur ein
Nippelhohlgestänge
mit Rückschlagventil
eingelassen werden, um
Zement oder Sand ein-
zupressen resp. damit
zu verfüllen, so wird
nur die Stopfbüchse 6
benötigt, die direkt auf
das Kugelstück 3 auf-
geschraubt wird.

Bei Verwendung
eines Rückschlagven-
tils muß das Hohlge-
stänge bei jedesmaliger
Stangenzugabe mit
Wasser nachgefüllt
werden, damit keine Luft im Gestänge zurückbleibt. Dies geschieht
am besten mit Hilfe eines engen Rohres, das ca. 1 m tief in die Hohlstange eingesetzt wird, damit die entweichende Luft das einströmende
Wasser nicht herausschmeißt.

Dritter Abschnitt.

A. Die Kontrollen der Sperren vor dem Anbohren des Öles.

Die übliche Methode zur Kontrolle einer Sperre besteht darin, daß man das Bohrloch möglichst tief, sehr oft sogar bis zur Sohle, entleert und hierauf beobachtet, ob Zufluß eintritt.

Bei endgültigen resp. bergbehördlichen Kontrollen wird sich dagegen nicht viel einwenden lassen, da bei einer solchen Kontrolle nicht allein die Sperre auf Dichtheit geprüft, sondern gleichzeitig auch die Haltbarkeit der Verrohrung in einem Zustande festgestellt wird, wie er bei Leerblasen des Bohrloches oder beim Kolben und Schöpfen eintritt.

Bei tiefen Bohrlöchern erfordert aber eine solche Kontrolle längere Zeit, hauptsächlich bei Spülbohrungen, die bis obenan mit Wasser gefüllt sind, da das Schöpfen langsam vor sich gehen muß.

Für provisorische Sperren, bei Explorationsbohrungen, tritt noch hinzu, daß bei nichtgelungener Arbeit die hinter den Rohren mitabsinkende Flüssigkeit etwaigen Nachfall mitreißt und öfters derartig zwischen Rohre und Bohrlochwand drückt, daß die Rohre nicht mehr frei zu machen sind.

Ein weiterer Mangel dieser Kontrollmethode ist der, daß man damit nicht feststellen kann, wenn nach beendeter Sperrarbeit beim Tieferbohren wieder Wasserzufluß eintritt, ob man es mit neuem Wasser zu tun hat, oder die letzte Sperre nicht mehr hält.

Diesen Übelständen kann dadurch abgeholfen werden, daß bei der Kontrolle nicht das Ansteigen, sondern das Absinken des Flüssigkeitsspiegels in der Verrohrung beobachtet wird.

Nach dem Gesetz der kommunizierenden Röhren wird der Flüssigkeitsspiegel im Bohrloch bei Anbohren eines Wasserhorizontes sich mit diesem ins Gleichgewicht zu stellen suchen. Meistens wird dabei die Flüssigkeitssäule im Bohrloch absinken. Ansteigen, d. h. Überlaufen kann auch vorkommen, doch bietet die Kontrolle der Sperre hierbei gar keine Schwierigkeiten, da das Wasser abgesperrt ist, wenn es nicht mehr aus der Sperrverrohrung ausläuft.

Bei Verwendung von Dickspülung wird bei Anfahren eines schwachen Wassers manchmal nur ein kurzes, einmaliges, geringes Absinken stattfinden, worauf die Verbindung des Wasserhorizontes mit dem Bohrloch durch die Dickspülung unterbrochen, d. h. daß das Wasser abgesperrt wird.

Bleibt die Dickspülung auch beim Tieferbohren und evtl. Ausführung unterer Sperren hinter der Verrohrung, so ist keine Gefahr vorhanden, daß das durch die Dickspülung verdrängte Wasser zum Bohrloch zurückgelangen könnte und evtl. durch Eindringen in durchlässige Geibrgsschichten Schaden anrichten würde.

Die Feststellung, ob die Flüssigkeit in der Verrohrung absinkt, kann erst dann erfolgen, wenn sämtliche in der Flüssigkeit enthaltene Luft ausgeschieden ist. Die Luft steigt in kleinen Blasen zur Oberfläche, wobei der Flüssigkeitsspiegel sinkt. Man füllt so lange Wasser nach, wie Bläschen aufsteigen und der Flüssigkeitsspiegel sinkt.

Fällt der Flüssigkeitsspiegel auch ohne Austreten von Luftblasen, dann ist die Sperre undicht.

Das Fallen des Flüssigkeitsspiegels im Bohrloch während des Bohrens noch vor Ausführung einer Sperre gilt als Anfahren von Wasser. Tritt dies aber nach der Sperrarbeit auf, so kann neues Wasser angefahren sein oder auch die Sperre nicht mehr dicht halten.

Um in solchen Fällen zu wissen, was eingetreten ist, muß vorher jedes angefahrene Wasser genau beobachtet worden sein.

Beim Trockenbohren macht sich angefahrenes Wasser dadurch bemerkbar, daß bei vollständig trockenen Bohrlöchern die Schlammbüchse Wasser hoch bringt und das Bohrzeug angefeuchtet hochkommt. Ist dagegen ein höherer oder niedrigerer Wasserstand im Bohrloch, so wird dieser entweder fallen oder steigen, was am Bohrzeug resp. Gestänge oder Seil zu sehen ist.

Bei Spülbohrungen wird man durch Spülwasserverlust oder auch manchmal durch Vermehrung dieses darauf aufmerksam gemacht, daß Wasser erbohrt wurde.

Bedingung ist hierbei, daß der Spülwasserstrom einen Kreislauf macht. Also von dem Saugkasten durch die Pumpe und Hohlgestänge im Bohrloch aufsteigend wieder zurück in den Saugkasten gelangt. Dabei muß dauernd das hochgebrachte Bohrklein abgesondert und aus Rinnen und Saugkasten entfernt werden, sonst würde man falsche Schlüsse ziehen.

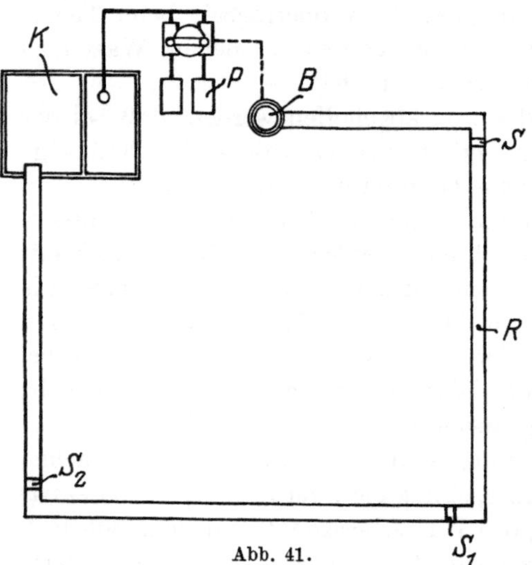

Abb. 41.

Abb. 41 zeigt eine Anordnung für den Kreislauf des Spülwassers. Die Pumpe P saugt das Spülwasser aus dem geteilten Saugkasten K und preßt es durch das Hohlgestänge in das Bohrloch B, aus dem es nach Erreichung der Sohle außerhalb des Gestänges wieder ausfließt und durch die Rinne R wieder zum Saugkasten K geleitet wird. Die Rinne besitzt mehrere dicht passende Brettschieber S, S_1, S_2 usw., die ca. 5—10 cm niedriger als die Rinne sind und dazu dienen, daß der Flüssigkeitsstrom gestaut wird, damit sich das Bohrklein absetzen und leicht entfernt werden kann.

Für genaue Beobachtungen kann ein Schwimmer im Saugkasten angebracht werden, der mit einem Registrierwerk verbunden ist und das den Wasserstand im Kasten dauernd automatisch aufzeichnet.

Um bei heißem Wetter vor Verdunstungsverlusten geschützt zu sein, überdacht man Rinnen und Saugkasten.

Beim Anfahren des ersten Wassers wird genau festgestellt, in welcher Zeit bis zu einer bestimmten Teufe der Flüssigkeitsspiegel absinkt, wobei noch das spezifische Gewicht der Flüssigkeit bestimmt wird.

Trifft man nun nach Absperrung des ersten Wassers beim Tieferbohren erneut Wasserzufluß an, so wird wiederum genau festgestellt, in welcher Zeit der Wasserspiegel bis zu derselben Teufe, wie das erstemal, absinkt. Nach Berücksichtigung etwaiger Unterschiede im spezifischen Gewicht der Flüssigkeit vorher und jetzt wird zu schließen sein:

1. aus derselben Zeitdauer des Absenkens, daß die Sperre überhaupt nicht hält,

2. bei längerer Zeitdauer des Absenkens, daß die Sperre nicht vollkommen ist,

3. bei kürzerer Zeitdauer, daß neues, tieferes Wasser angefahren wurde.

Zur leichteren und sicheren Feststellung der Absenkungen kann man sich eines Registrierapparates bedienen, der auf Diagrammpapier eine Kurve zeichnet. Die Ordinaten auf diesem Papier bedeuten die entsprechenden Tiefen des Bohrloches und die Abszissen die Zeit, in der die verschiedenen Tiefen abgesenkt werden.

Ein solcher Apparat ist durch Abb. 42 dargestellt. Derselbe besteht aus der Registriertrommel 1, auf der das Diagrammpapier aufgesteckt wird. Die Einteilung des Diagrammpapiers ist aus Abb. 42a ersichtlich. Die Registriertrommel wird durch das Uhrwerk 2 in 10 Stunden einmal herumgedreht. Die Höhe des Diagrammpapiers ist 500 mm und reicht für 100 m Absenkteufe aus. Auf der Spindel 3 ist die Schreibfeder 15 mit einer Mutter aufgeschraubt. Die Spindel verschiebt bei einer Umdrehung die Schreibfeder um 1 mm, was im Bohrloch 0,2 m entspricht. Die Drehung der Spindel wird durch die Zahn- und Kegelräder 4, 5, 6, 7 bewerkstelligt, die wiederum durch die Windetrommel 8 angetrieben werden. Die Drehung der Trommel erfolgt durch Abwickeln des dünnen Stahldrahtseiles 9, an dem der Schwimmer 10 hängt, der beim Absenken des Wasserspiegels mitgeht. Der Bolzen 11 in der Windetrommel dient zum Lösen der Verbindung zwischen Trommel und Zahnrädern, also auch der Schreibfeder, um die letztere durch Drehen der Kurbel 12 in die Anfangs- oder andere Stellung zu bringen.

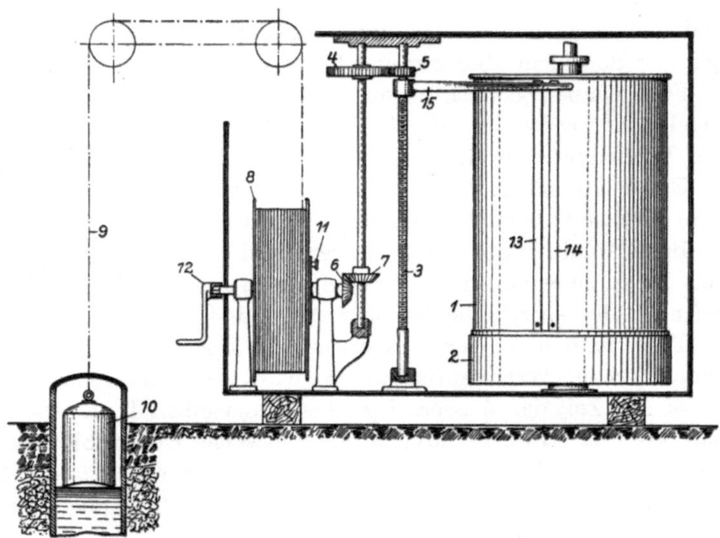

Abb. 42. Registrierapparat zur Aufzeichnung von Wasserabsenkungskurven.

Zur leichteren Regulierung beim Einstellen des Schwimmers werden in der Trommelwand im Radius der Entfernung des Bolzens 11 mehrere Löcher gebohrt.

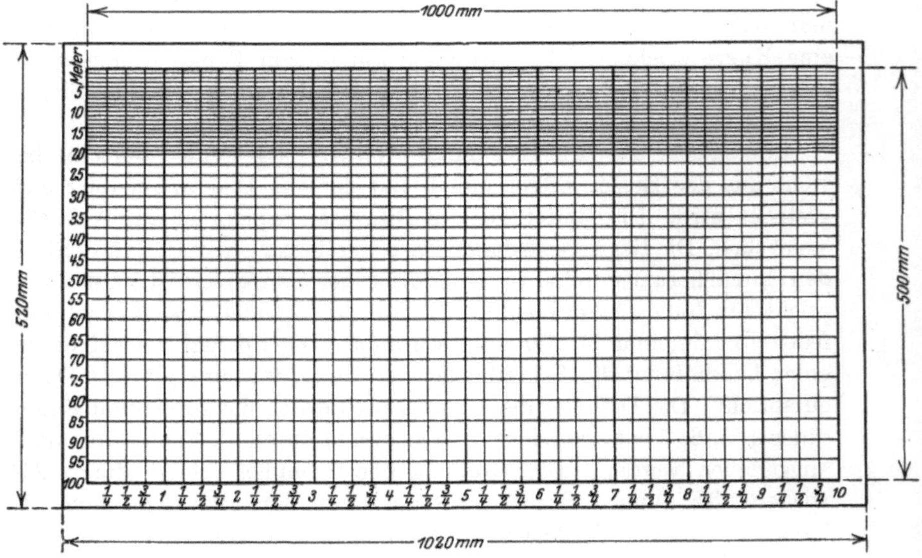

Abb. 42a. Muster von Diagrammpapier zu obigem Apparat.

Zur Inbetriebsetzung wird zunächst das Uhrwerk aufgezogen, dann das Diagrammpapier auf die Registriertrommel gesteckt und durch die Federn 13 und 14 festgehalten. Nach Einstellung der Schreibfeder auf den Nullpunkt wird der Schwimmer auf das Wasser im Bohrloch gesetzt (das Bohrloch muß bis obenan gefüllt sein), der Draht angezogen, die Trommel durch den Bolzen 11 gekuppelt und die Aufnahme kann beginnen.

Die gezeichnete Kurve läßt dann erkennen, in welcher Zeit und wieviel Meter der Wasserspiegel gefallen ist.

Auch hier werden die schon genannten drei Fälle eintreten können.

1. Die Kurve zeigt dieselbe Form wie die bei der Aufnahme der letzten Sperre.

2. Die Kurve geht schneller in die Horizontale über als bei der Aufnahme der letzten Sperre.

3. Die Kurve fällt steiler ab als die bei der Aufnahme der letzten Sperre.

Bei Fall 1 ist die Sperre gänzlich mißlungen. Bei Fall 2 hält die Sperre nicht ganz dicht oder es befinden sich Undichtheiten in den Gewindeverbindungen bzw. sind kleine Materialfehler (Risse) in der Verrohrung vorhanden. Bei Fall 3 ist neues, tieferes Wasser angefahren worden.

Der Registrierapparat muß gut im Stande gehalten werden, ist vor Nässe zu schützen und die Wellen sollen leicht drehbar sein. Wird dies vernachlässigt, so können leicht falsche Aufnahmen vorkommen, die zu verkehrten Schlüssen Anlaß geben würden.

B. Die Prüfung der Sperrverrohrungen auf Undichtheiten vor dem Anbohren des Öles.

Ergibt sich bei der Kontrolle einer mit Zement hergestellten Sperre geringer Wasserzufluß, so kann fast immer damit gerechnet werden, daß dieser durch eine Undichtheit in einer Gewindeverbindung oder durch einen kleinen Riß in der Verrohrung verursacht wird.

Die Feststellung dieser kleinen Undichtheiten ist meistens schwierig und zeitraubend. Man verwendet dazu Blechgefäße, wie aus Abb. 43 ersichtlich. Diese werden am Löffelseil in das Bohrloch eingelassen, wobei durch absatzweises, immer tieferes Heruntergehen mit darauf folgendem Aufholen des Gefäßes beobachtet wird, wann Wasser im Gefäß mitkommt, worauf durch erneutes, evtl. mehrmaliges Einfahren die Leckstelle genau festgestellt werden kann.

Bei tiefen Bohrlöchern können die Feststellungsarbeiten unter Umständen mehrere Tage dauern. Der auf Abb. 44 dargestellte Apparat soll diesem Übelstande abhelfen und schnell die Auffindung der Undichtheit ermöglichen.

In dem Apparat wird der Gedanke verwertet, den Zeitpunkt des Einlaufens von Wasser aus dem Rohrleck in das eingelassene Gefäß durch einen elektrischen Strom nach oben zu übermitteln. Er besteht aus dem unten geschlossenen Zylinder 1, der auf der Hohlstange 2 befestigt ist. Dieser Zylinder ist mit den Gummiringen 3 und 6, Unterlegscheiben 4, 5 und 7 nebst Gewinde-

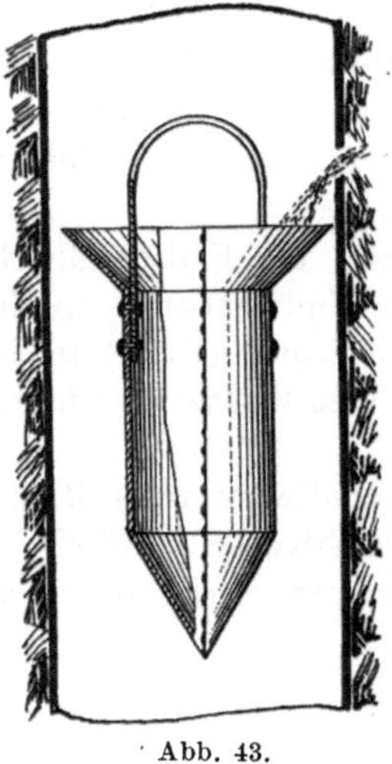

· Abb. 43.

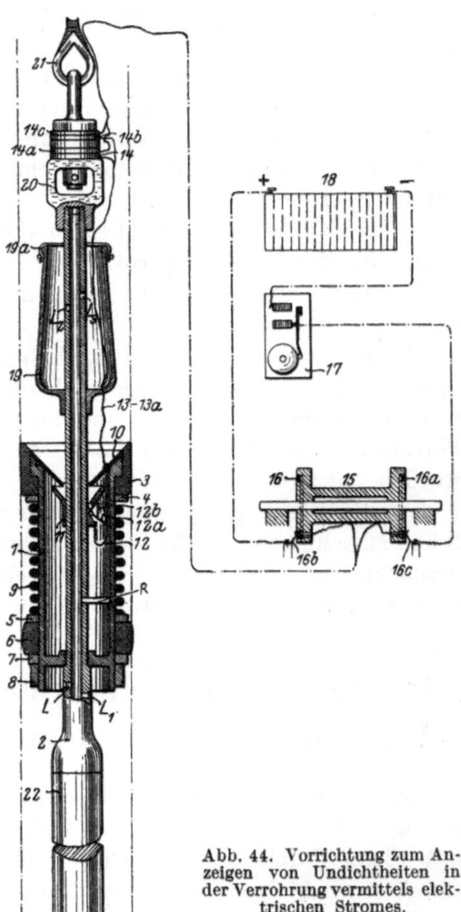

Abb. 44. Vorrichtung zum Anzeigen von Undichtheiten in der Verrohrung vermittels elektrischen Stromes.

muffe 8 und Feder 9 besetzt. Oben ist der Zylinder mit dem Trichter 10 versehen, der in einen zweiten kleineren Trichter 11 mündet, welcher mit der Stange 2 starr verbunden ist. Trichter 11 ist unten mit einer länglichen Öffnung versehen, unter der die Kontakte 12 und 12a angebracht sind. Der Kontakt 12a ist an einem Scharnier beweglich angeordnet und wird durch eine schwache Feder 12b dauernd vom Kontakt 12 abgezogen. Von den Kontakten 12 und 12a führen zwei Leitungsdrähte 13 und 13a, die zu einem Kabel vereinigt sind, über die Schleifringe 14, 14a, 14b und 14c zur Windetrommel 15. Auf dieser ist ein Draht mit dem Schleifring 16, der andere mit dem Schleifring 16a verbunden. Die Schleifringe gleiten an den Schleifkontakten 16b und 16c. Der

Kontakt 16 b ist direkt mit einer elektrischen Batterie 18 verbunden, während zwischen 16 c und der Batterie noch das Läutewerk 17 eingeschaltet ist. Kurz oberhalb des Trichters 10 ist an der Hohlstange 2 das Gefäß 19 aufgeschraubt, das oben mit dem luftdurchlässigen Tuch 19 a zugebunden ist. Die Stange 2 ist oben mit einem Stopfen verschlossen und in die Förderöse 20 eingeschraubt, die am Löffelseil 21 hängt. Die Schwerstange 22 dient als Belastung, damit der Apparat leicht nach unten gleitet.

Die Handhabung ist, wie folgt.

Vor dem Einbauen werden die Kontakte 12 und 12 a gereinigt. Die beiden Gummiringe 3 und 6 müssen stramm in die Verrohrung passen (was durch Aufschrauben der Muffe 8 geregelt wird), damit der untere Ring die in der Verrohrung anhaftende Feuchtigkeit abstreift und der obere Ring an der Leckstelle das Wasser in die Trichter leitet. Die beim Einlassen unterhalb des Gummiringes 3 befindliche Luft kann durch die Löcher L und L_1 sowie L_2 und L_3 nach oben gelangen, wobei etwa mitgerissenes Wasser in dem mit einem luftdurchlässigen Stoff verschlossenen Gefäß 19 aufgehalten wird, so daß dieses nicht in den Trichter 10 gelangen kann. Sollte Wasser und Luft über Ring 6 gelangen, so dient Röhrchen R als Ableitung in das Gefäß 19. Der Apparat wird langsam in das Bohrloch eingelassen, etwa 100—150 m Fördergeschwindigkeit pro Stunde. Passiert der obere Ring nun die Leckstelle, so läuft das Wasser über Trichter 10 und 11 auf die Kontaktplatte 12 a, überwindet durch seine Schwere die schwache Federkraft von 12 b und drückt 12 a auf 12, wobei der Stromkreis geschlossen wird, und das Läutewerk 17 ertönt. Nun wird sofort das Windwerk des Löffelseiles angehalten, ein Zeichen am Seil gemacht, aufgeholt und das Seil dabei abgemessen, so daß man sofort die Teufe des Leckes weiß.

Das Kabel mit den Drähten 13 und 13 a wird in größeren Abständen an das Löffelseil befestigt, damit es in der Verrohrung besser vor Beschädigung geschützt ist.

Um dem Seildrall des Löffelseiles Rechnung zu tragen, wird das Kabel an der Förderöse durch die Schleifringe 14, 14 a, 14 b und 14 c getrennt.

C. Die Kontrollen der Sperren und die Prüfung der Sperrverrohrungen auf Undichtheiten nach dem Anbohren des Öles.

Soll die Kontrolle einer Wassersperre bei einem in Produktion befindlichen Bohrloche vorgenommen werden, wo sich Salzwasserzufluß bemerkbar macht, so benutzt man hierzu intensiv wirkende Farbstoffe

(z. B. Eosin), die in Wasser aufgelöst und hinter die Sperrverrohrung gegossen werden. Bei stärkerem Nachfall wird auf den aufgelösten hintergossenen Farbstoff auch noch Wasser mit einer Pumpe gepreßt werden müssen, damit dieser durch den Nachfall hindurchgeht.

Je nach Teufe der Undichtheit evtl. Nachfall usw. muß nun 2—3 Tage öfters auch noch länger das mit dem Öl ausfließende Salzwasser dauernd auf Verfärbung geprüft werden.

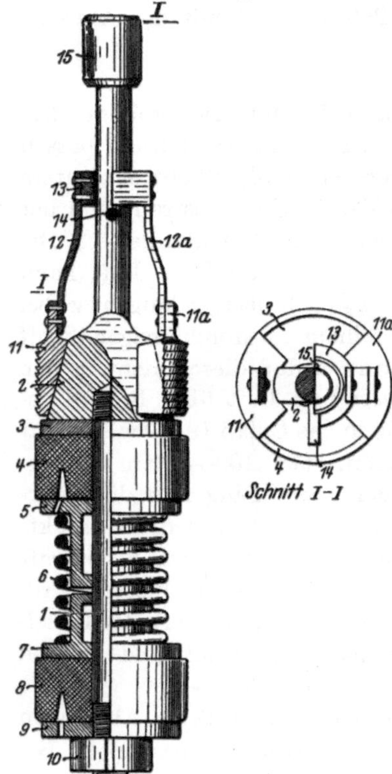

Abb. 45. Kolben zum Verschließen eruptiver Bohrlöcher im Schuh der Sperrverrohrung.

Verläuft die Verfärbungsprobe ergebnislos, ist aber trotzdem auf einen Defekt in der Sperrverrohrung zu schließen, so muß die Verrohrung bis zum Schuh auf Undichtheiten untersucht werden. Zu diesem Zweck wird die Verrohrung unten mit einem Kolben verschlossen, wie ihn Abb. 45 zeigt.

Dieser Kolben besteht aus der Stange 1, die am oberen Ende mit Gewinde versehen und in die Keilstange 2 eingeschraubt ist. Auf Stange 1 sind aufgesetzt: die Unterlagscheibe 3, der Kautschukring 4, die Führungshülse 5, die Feder 6, die Führungshülse 7, der Kautschukring 8 und die Unterlagscheibe 9. Auf das untere, gleichfalls mit Gewinde versehene Ende der Stange 1 schraubt die Mutter 10, mit der man das leichtere oder festere Anliegen der Kautschukringe 4 und 8 regeln kann. Am unteren Ende der Keilstange 2 gleiten die Backen 11 und 11a, die durch die Flachfedern 12 und 12a mit dem Ring 13 verbunden sind. 14 ist ein Anschlagstift, während 15 die Verbindungsmuffe für die Schwerstange usw. darstellt.

Das Einbauen des Kolbens erfolgt mit Hilfe eines Bohrlochverschlusses, wie er auf Abb. 40 zu sehen ist. Zum Herunterdrücken des Kolbens gegen eventuellen Gasdruck muß eine entsprechend schwere Belastungsstange benutzt werden, die auf die Muffe 15 aufgestellt und mit dem Gestänge eingelassen wird[1]). Je nach Stärke des Gasdruckes müssen

---

[1]) Bei Brunnen mit sehr starkem Gasdruck kann auch vermittels Wasserdruck ein entsprechend konstruierter Kolben heruntergepreßt werden. Sollte weder die eine noch die andere Art des Herunterbringens möglich

zwei oder mehr Kautschukringe verwendet werden, damit möglichst kein Öl neben den Ringen durchdringt und über den Kolben gelangt. Das Herunterdrücken des Kolbens soll langsam erfolgen, damit das im Bohrloch anstehende Öl in die Poren des Ölgesteins wieder zurücklaufen kann und die Beanspruchung der Verrohrung auf Außendruck nicht zu plötzlich eintritt. Beim Einbauen des Kolbens werden die Backen so gestellt, wie aus der Zeichnung ersichtlich ist. Ist der Kolben bis zum Rohrschuh gebracht worden, so hebt man das Gestänge mit der Schwerstange an, worauf durch den Gasdruck von unten die Keilstange 2 zwischen die Backen 11 und 11a gedrückt wird, wodurch diese in der Verrohrung fest werden und den Kolben nicht mehr nach oben zurück lassen. Die Kautschukringe sind unten mit ringförmigen Nuten versehen, in die das Gas eintreten kann, wodurch ein gutes Abdichten erzielt wird.

Nach Festsetzen des Kolbens wird zunächst mit einer Schöpfbüchse evtl. noch im Bohrloch befindliches Öl ausgeholt und hierauf mit einem Blechgefäß nach Abb. 43 oder mit einer Vorrichtung nach Abb. 44 festgestellt, wo die Leckstelle liegt.

Das Herausholen des Kolbens erfolgt so, daß eine Schwerstange mit Rutschschere am Gestänge bis auf den Kolben eingelassen und in Muffe 15 festgeschraubt wird. Die Rutschschere befindet sich dabei unter der Schwerstange. Nach dem Festschrauben wird die Keilstange 2 aus den Backen geschlagen, hierauf durch Rechtsdrehen des Gestänges bis zum Anschlagen des Stiftes 14 an die Flachfeder die Keilstange aus der Wirkungslinie gebracht und der Kolben aufgeholt.

Hat die Untersuchung der Verrohrung auf Undichtheiten kein positives Resultat ergeben, so kann das Salzwasser, bei zerstörter Zementdichtung, auch direkt unter dem Schuh herkommen oder bei Überbohrung des Ölhorizontes ist das darunter anstehende Wasser angefahren worden und schließlich kann das Wasser auch gleichzeitig mit dem Öl in das Bohrloch gelangen. Zur Feststellung, mit welchem Falle man es zu tun hat, gehören: eine gute geologische Kenntnis des Bohrfeldes, die Daten über die genauen Teufen vom Bohrloch, dem Ölhorizont, der letzten ausgeführten Sperre sowie möglichst auch nähere Angaben über den Arbeitsverlauf dabei und schließlich die chemische Analyse des gesperrten Wassers.

Vergleicht man zunächst die Ergebnisse der Analyse des mit dem Öl hochkommenden Wassers mit den Ergebnissen der Analyse des gesperrten Wassers, so werden evtl. Abweichungen, besonders im Salz-

---

sein, so muß ein Kolben Verwendung finden, der beim Einbauen das Öl und Gas nach oben hindurch läßt und erst im Rohrschuh verschlossen wird. Natürlich muß dann erst das Öl aus der Verrohrung geschöpft und diese gut ausgewischt werden, ehe die Leckstelle aufgesucht werden kann.

gehalt, den Schluß rechtfertigen, daß der Salzwasserzufluß wahrscheinlich nicht hinter der Sperrverrohrung herkommt, die Sperre also in Ordnung ist.

Ob nun der Salzwasserzufluß von unterhalb des Ölhorizontes herrührt, läßt sich bei Pump- und Kolblöchern durch Einfahren mit einem sog. Probenehmer (s. Abb. 46) bis auf die Bohrlochsohle feststellen. Der Probenehmer besteht aus einer gut verschlossenen Büchse, die unten mit einem Ventil versehen ist, das durch eine Feder geschlossen gehalten wird. Beim Aufstoßen auf die Bohrlochsohle wird die Federkraft aufgehoben, wobei der Flüssigkeitsdruck das Ventil öffnet und die Flüssigkeit in die Büchse eindringt. Beim Hochfahren schließt die Feder das Ventil wieder, so daß die eingedrungene Flüssigkeit nach oben gebracht werden kann.

Besteht der Inhalt dabei aus bedeutend mehr Salzwasser als Öl, oder gar aus reinem Salzwasser, so ist anzunehmen, daß der Salzwasserzufluß von unten herkommt. Zum Vergleich kann dann noch aus der Teufe des Ölhorizontes eine Schöpfprobe entnommen werden, und falls diese mehr Öl und weniger Wasser aufweist, so wird mit Sicherheit daraus zu schließen sein, daß der Salzwasserzufluß von der Bohrlochsohle herrührt.

Die zweite Schöpfprobe wird wieder mit dem Probenehmer vorgenommen, wobei aber unterhalb der Ventilfeder so viel Gestänge angeschraubt werden muß, als der Ölhorizont von der Bohrlochsohle entfernt ist. Das Einlassen des Probenehmers kann am Seil oder auch mit dem Gestänge erfolgen.

Abb. 46.

Bei Eruptionsbohrlöchern wird Salzwasserzufluß von der Bohrlochsohle her vermittels eines Hohlgestänges festgestellt, das unten gleichfalls mit einem durch Feder geschlossenen Ventil, wie bei dem beschriebenen Probenehmer, versehen ist und beim Aufstoßen auf die Bohrlochsohle geöffnet wird, so daß die eintretende Flüssigkeit durch das Hohlgestänge nach oben gelangen kann. Zeigt sich dabei, daß reines oder fast reines Salzwasser in dem Hohlgestänge hochkommt und ist der Ölauslauf aus der Fördertour dabei nicht gedrosselt, so ist auf Zufluß des Salzwassers von der Sohle her zu schließen. Auch hier kann zum Vergleich eine Probeentnahme aus der Teufe des Ölhorizontes herangezogen werden. Ist dabei die letztere stark öl- und weniger salzwasserhaltig, so wird der früher gezogene Schluß zur Gewißheit, daß der Salzwasserzufluß von unten kommt.

Die Behebung des Salzwasserzuflusses an der Bohrlochsohle ist unter „Grundsperren" beschrieben.

Handelt es sich um gleichzeitiges Zuströmen von Wasser und Öl aus derselben Lagerstätte, so ist eine Absperrung des Wasserzuflusses ohne starke Beeinträchtigung oder gar gänzliches Aufhören des Ölzuflusses nicht möglich. Es müssen dann Ölgewinnungsmethoden angewendet werden, die eine rentable Exploitation gestatten, deren Beschreibung aber nicht in den Rahmen dieses Buches gehört.

Vierter Abschnitt.

A. Die Zusatzarbeiten bei Sperren mit Verrohrung und Zementhinterpressung.

Bei Zementhinterpressungen kommt es häufiger vor, daß die Arbeit durch unvorhergesehene Zwischenfälle vorzeitig unterbrochen werden muß, so daß es nicht gelingt, die gewünschte Zementmenge hinter die Verrohrung zu bringen.

Ist nun zur Verstärkung der Verrohrung gegen den Flüssigkeitsdruck ein weiteres Hinterpressen von Zement erforderlich, so muß einige Meter unterhalb des höchsten Zementstandes die Verrohrung durchlocht werden, damit durch die geschaffenen Öffnungen das Zementhinterpressen vervollständigt werden kann.

Die Ausführung solcher Zusatzarbeiten sollte so schnell als möglich nach Beendigung der Zementierung erfolgen, damit der hinter der Verrohrung stehende Zement in seinem oberen Teile nicht zum Erhärten kommt. Zunächst wird rechnerisch die Höhe des hinter der Verrohrung vorhandenen Zementes bestimmt. (Die Anleitung dazu siehe unter „Raumausfüllung durch Zement", S. 10.) Etwa 10 m unterhalb der errechneten Teufe wird ein Holzkolben nach Abb. 27 durch Quellen festgesetzt. Besser noch ist die Verwendung eines Metallkolbens nach Abb. 29, da dabei die Wartezeit auf das Quellen entfällt. Dicht oberhalb des Kolbens, der als Brücke dient, werden nun mit einem Loch- oder Fräsapparat einige Löcher in der Verrohrung ausgedrückt resp. ausgebohrt. Nach Entfernen des Apparates und erneutem Einbauen des Hohlgestänges, das unten mit einem Zementierkolben versehen ist, wird bei geschlossener Rohrstopfbüchse die Verrohrung mit reinem Wasser hinterspült. Sowie der Spülstrom leicht hinter der Verrohrung aufsteigt, wird ohne Abstellung der Pumpe sofort Zementbrei hinterpreßt. Ist genügend Zementbrei hinterpreßt worden, so wird das Gestänge leer gespült, wobei Sorge getragen werden muß, daß kein Spülwasser hinter die Verrohrung gelangt, was durch Verwendung einer Trennvorrichtung (wie auf Abb. 18) leicht zu erreichen ist. Nach der Ausspülung des Gestänges wird dieses durch Rechtsdrehen vom Kolben gelöst und ausgeholt. Ist der Zement erhärtet, so werden am besten mit einer Stahlkrone die Kolben nebst Zementkern ausgebohrt und die Kontrolle der Sperre vorgenommen.

Auf Abb. 47 ist ein Lochfräsapparat dargestellt, der bei einem Vorschub bis zu 30 mm Löcher von max. 50 mm Durchmesser ausfräsen kann.

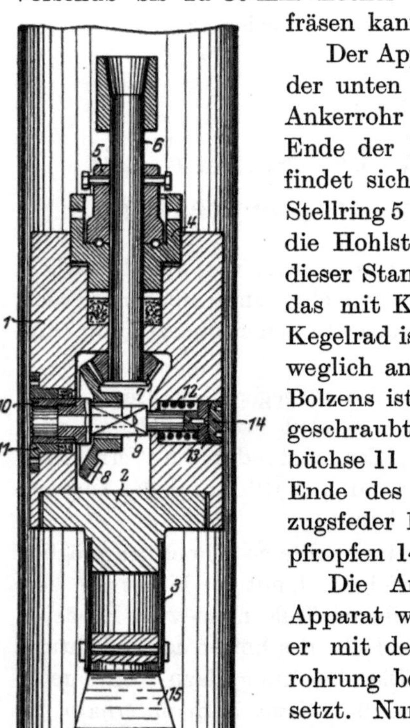

Abb. 47. Lochfräser für Rohre im Bohrloch.

Der Apparat besteht aus dem Gußkörper 1, der unten mit dem Verschlußstück 2 und dem Ankerrohr 3 verschraubt ist, in dessen unterem Ende der Meißel 15 befestigt wird. Oben befindet sich die Stopfbüchse 4, auf welcher der Stellring 5 aufliegt und mit vier Stellschrauben die Hohlstange 6 abfängt. Am unteren Ende dieser Stange ist das Kegelrad 7 aufgeschraubt, das mit Kegelrad 8 in Eingriff steht. Dieses Kegelrad ist auf dem Vierkant des Bolzens 9 beweglich angeordnet. Am dickeren Ende dieses Bolzens ist die Stahlkrone (Fräskrone) 10 aufgeschraubt, die am Umfange durch die Stopfbüchse 11 abgedichtet ist. Auf dem dünneren Ende des Bolzens 9 befindet sich die Rückzugsfeder 12 mit Scheibe 13. Der Verschlußpfropfen 14 dient zur Abdichtung.

Die Arbeitsweise ist die folgende. Der Apparat wird am Hohlgestänge eingelassen, bis er mit dem Meißel 15 auf dem in der Verrohrung befestigten Stopfen resp. Kolben aufsetzt. Nun wird das Bohrloch oben mit einer Stopfbüchse (s. Abb. 15) verschlossen, das Gestänge durch die Rotationseinrichtung in Drehung versetzt und mit der Pumpe bei geringem Druck Wasser in das Hohlgestänge gepreßt. Der Wasserdruck bewirkt nach Überwindung der Federkraft von Feder 12 zunächst ein schwaches Andrücken der Stahlkrone 10 an die Verrohrung. Am Gang der Rotationseinrichtung läßt sich die Arbeit der Fräskrone beurteilen, d. h. bestimmen, ob ein größerer Vorschub nötig ist, also der Pumpendruck gesteigert werden muß. Als Umdrehungszahl für Gestänge und Krone kann 40—60 pro Minute genommen werden. Ist das Rohr durchgefräst, so tritt das Spülwasser durch die kleine Durchbohrung des Bolzens 9 hinter die Verrohrung und fließt über Tag aus. Nun wird der Apparat etwas angehoben und um 180° gedreht, wieder aufgesetzt und ein zweites Loch in der Verrohrung ausgefräst. Nach Ausholen des Apparates wird ein Zementierkolben eingebaut und die Zementhinterpressung vollzogen.

B. Die Reparaturen bei gebrochenen Sperrverrohrungen.

Reparaturen kommen hauptsächlich oberhalb der zementierten Rohrstrecke in Frage.

Abgesehen von kleinen Rissen, die auf Materialfehler zurückzuführen und mangels einer genauen Kontrolle der Rohre vor dem Einlassen nicht bemerkt worden sind, sowie Undichtheiten in den Gewindeverbindungen, wird es sich oft um Rohrzusammendrückungen und Rohrbrüche handeln. Solche schweren Beschädigungen entstehen beim Leerschöpfen oder beim Auswerfen der Flüssigkeit aus der Verrohrung durch Gas, wenn die Wandstärke der Rohre, für den dabei zur Geltung kommenden Druck der außerhalb der Verrohrung stehenden Flüssigkeitssäule, nicht zureichend ist. Öfters sind auch Gebirgsrutschungen die Ursache von den allerschwersten Rohrbeschädigungen. Schließlich kommen Defekte an der Verrohrung auch noch durch das Bohrzeug zuwege, besonders wenn längere Zeit und auf harten Schichten direkt in der Sperrtour gebohrt wurde.

Bei der Instandsetzung schwer beschädigter Verrohrungen wird meistens zunächst durch Ausbeulen oder Ausfräsen der Bruchstelle der Durchgang freigelegt werden müssen, um unterhalb des Bruches eine sog. Brücke für den einzupumpenden Zement herzustellen. Bei Eruptionsbohrlöchern dient die Brücke gleichzeitig als Verschluß gegen Gaszudrang und Ölzulauf. Die Brücke wird durch einen Holzstopfen hergestellt, der dicht unterhalb der Bruchstelle in der Verrohrung durch Quellen festgemacht wird. Ist die Verrohrung an der Bruchstelle noch so weit aneinander gebunden, daß der obere Teil gegenüber dem unteren keine Richtungsänderung aufweist, so kann sofort nach Festwerden des Stopfens mit der Zementierung des Rohrbruches begonnen werden. Die Zementierung wird zweckmäßig mit Hilfe eines Hohlgestänges und Zementierkolbens (s. Abb. 27 und 29) ausgeführt, wobei der Kolben etwa 1 m oberhalb der Bruchstelle angesetzt wird. Man versucht nun, mit reinem Wasser die Verrohrung zu hinterspülen; gelingt dies, so wird sofort Zementbrei hinterpreßt. Je nach Beschaffenheit des Bohrloches bringt man etwa 10 m und mehr Zementbrei bis oberhalb der Bruchstelle, worauf das Gestänge bis auf den Kolben ausgespült, von diesem abgeschraubt und herausgeholt wird. Auch hier muß unbedingt vermieden werden, daß das Spülwasser unterhalb des Kolbens eindringt. Man verwendet daher am besten wiederum die Vorrichtung mit der Kugel, wie sie Abb. 18 zeigt.

Nach Erhärtung des Zementes werden am besten mit einer Stahlkrone zunächst der Kolben und der erhärtete Zement bis auf den Holzstopfen ausgebohrt und hierauf die Kontrolle der Zementierung vorgenommen. Zeigt sich dabei, daß die Arbeit gelungen ist, so wird auch der Holzstopfen ausgebohrt.

Ist die Verrohrung an der Bruchstelle vollkommen getrennt, so muß vor dem Zementieren dafür gesorgt werden, daß beide Rohrenden möglichst genau zur Verrohrungsachse eingestellt werden. Man verwendet dazu als Hilfsmittel einen Doppelstopfen, wie aus Abb. 48 zu ersehen ist.

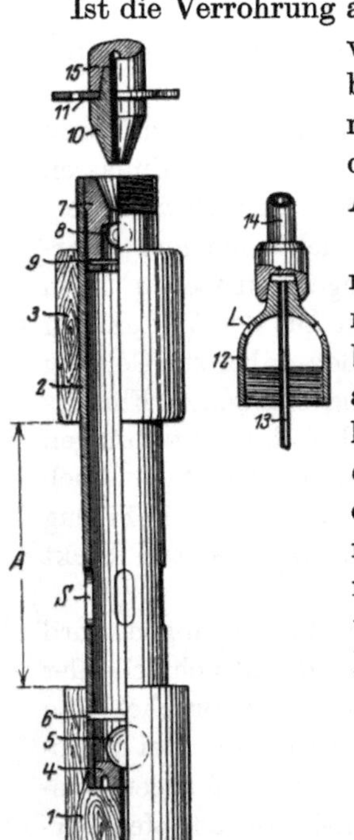
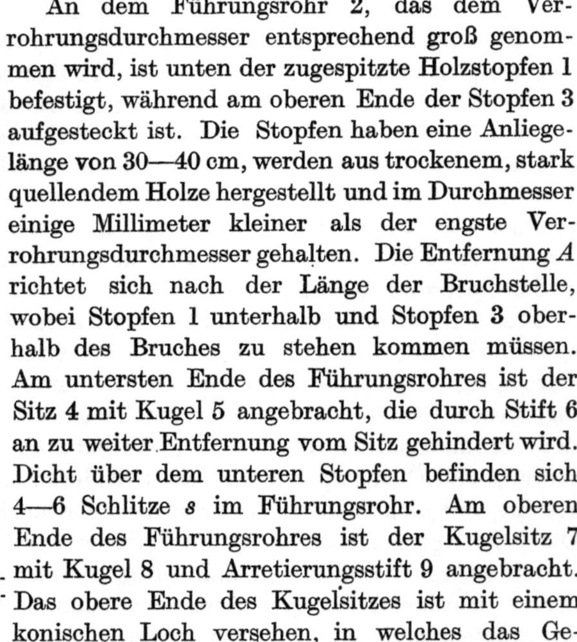

Abb. 48. Doppelstopfen für Zementierungsarbeiten bei Reparaturen gebrochener Verrohrungen im Bohrloch.

An dem Führungsrohr 2, das dem Verrohrungsdurchmesser entsprechend groß genommen wird, ist unten der zugespitzte Holzstopfen 1 befestigt, während am oberen Ende der Stopfen 3 aufgesteckt ist. Die Stopfen haben eine Anliegelänge von 30—40 cm, werden aus trockenem, stark quellendem Holze hergestellt und im Durchmesser einige Millimeter kleiner als der engste Verrohrungsdurchmesser gehalten. Die Entfernung A richtet sich nach der Länge der Bruchstelle, wobei Stopfen 1 unterhalb und Stopfen 3 oberhalb des Bruches zu stehen kommen müssen. Am untersten Ende des Führungsrohres ist der Sitz 4 mit Kugel 5 angebracht, die durch Stift 6 an zu weiter Entfernung vom Sitz gehindert wird. Dicht über dem unteren Stopfen befinden sich 4—6 Schlitze s im Führungsrohr. Am oberen Ende des Führungsrohres ist der Kugelsitz 7 mit Kugel 8 und Arretierungsstift 9 angebracht. Das obere Ende des Kugelsitzes ist mit einem konischen Loch versehen, in welches das Gestängeeinsatzstück 10 paßt. Zwecks leichten Einsetzens dieses Stückes ist es mit Führungsscheibe 11 versehen. Die Pulle 12 mit Stift 13 dient zum Einbauen des Doppelstopfens und hat zu diesem Zweck am oberen Ende Gewindeanschluß für das Gestänge 14, während am unteren, inneren Ende Linksgewinde eingeschnitten ist, passend für das obere Ende des Führungsrohres 2.

Nach Zusammensetzung des Doppelstopfens wird die Pulle 12 auf das Führungsrohr geschraubt und möglichst schnell vermittels des Gestänges bis zur Bruchstelle gebracht. Beim Eintauchen in die Flüssigkeit hebt sich die Kugel 5, so daß der Stopfen leicht nach unten kann. Beim Aufschrauben der Pulle preßt Stift 13 die Kugel 8 nach unten, so daß auch hier die Flüssigkeit ungehindert den Stopfen passiert und durch die Löcher 11 außerhalb der Pulle gelangt. Ist der Stopfen an der gewünschten Stelle angelangt, so wartet man zunächst auf das Festwerden dieses in der Verrohrung, schraubt dann durch Rechtsdrehen am Gestänge die Pulle ab, holt aus und läßt nun das Gestänge mit dem durch eine Schwerstange 15 beschwerte Einsatzstück 10 ein, bis es auf Sitz 7 aufsteht. Jetzt kann nach Freispülung die Zementierung erfolgen. Das Spülwasser bzw. der Zement treten hierbei aus den Schlitzen s an der Bruchstelle aus.

Beim Abstellen der Pumpe drückt die hinter der Verrohrung stehende Zementsäule auf die Kugel 8, wobei diese die Öffnung im Sitz 7 schließt, so daß kein Zement zurücklaufen kann. Beim Anheben des Gestänges wird mit klarem Wasser aller Zement aus dem Gestänge und der Verrohrung herausgespült, damit der über Stopfen 3 herausragende Teil des Führungsrohres 2 frei bleibt. Nach Erhärtung des Zementes wird mit einer Stahlkrone die Bruchstelle durchfräst, wobei das obere Stück des Führungsrohres 2 der Krone zur Führung dient. Die Krone hat dann nur Holz und Zement zu durchfräsen. Der überbohrte Stopfen wird nach unten bis zur Sohle abfallen, wo er dann mit einem Fänger gefaßt und herausgebracht wird.

Bei stärkerem Nachfall wird es nicht immer möglich sein, die Flüssigkeitssäule hinter der Verrohrung in Bewegung zu bringen, also Zement hinter die Rohre zu bekommen. Man muß dann so vorgehen, daß bei oben offener Sperrtour durch das Hohlgestänge, dessen unterste Stange mit seitlicher Öffnung versehen ist, zunächst mit klarem Wasser die Bruchstelle vom Nachfall gründlich gereinigt wird. Hierauf preßt man sofort Zementbrei ein, und zwar bis ca. 1 m oberhalb der Bruchstelle, worauf das Gestänge ausgeholt wird. Nach Erhärtung wird der Zementpfropfen vorsichtig, am besten mit einer Stahlkrone, ausgebohrt.

Muß ein Doppelstopfen, wie Abb. 48 zeigt, verwendet werden, so ist der obere Stopfen mit Öffnungen zu versehen, damit das verdrängte Wasser durch diese entweichen kann.

Ist das Bohrloch nachfallfrei, so daß die Verrohrung ohne Gefahr für die Bohrung gezogen werden kann, so wird man zweckmäßig die Verrohrung unterhalb der Bruchstelle schneiden und den oberen Teil nebst Bruchstücken herausholen, worauf der obere Teil der Verrohrung, nachdem er mit einem Gewindeschneidnippel versehen worden ist (s. Abb. 49), wieder eingelassen, Gewinde in dem unteren Teil eingeschnitten und dabei gleichzeitig der obere Teil in dem unteren festgeschraubt wird.

Kann aus irgendwelchen Gründen eine neue Gewindeverbindung nicht hergestellt werden, so behilft man sich mit einer Bleipackung, wie aus Abb. 50 ersichtlich ist. An dem aufzusetzenden Verrohrungsteil 1 ist der Packungsschuh 2 mit dem Bleiring 3 angeschraubt, der beim Aufsetzen auf den im Bohrloch stehenden Verrohrungsteil 4 die Dichtung herstellt. Das obere Ende des Verrohrungsteiles 4 sollte vorher mit einem Stirnfräser glatt gefräst werden, damit die Bleipackung gut aufliegen kann.

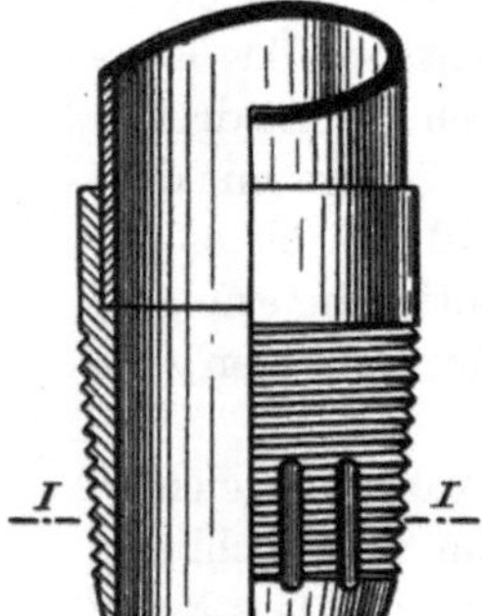

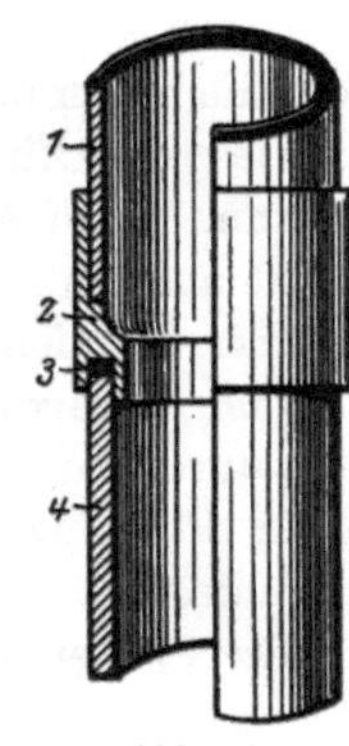

Abb. 49.

Abb. 50.

Befindet sich die Bruchstelle im nachfallfreien Gebirge, wo unterhalb dieser um die Verrohrung herum nur Wasser steht, so muß vor der Zementhinterpressung außerhalb der Verrohrung ebenfalls eine Brücke hergestellt werden, da sonst der Zement nach unten abfallen würde und dabei an der Bruchstelle nicht zum Abbinden und Erhärten käme. Zur Herstellung dieser Brücke wird Sand benutzt. Man spült den Sand an der Bruchstelle vermittels des Hohlgestänges möglichst rasch in größeren Mengen ein, damit er sich hinter der Verrohrung schnell verklemmt und die gewünschte Brücke bildet.

C. Die Reparaturen bei kleineren Undichtheiten in den Sperrverrohrungen.

Kleinere Undichtheiten, Lecke entstehen durch Haarrisse in den Rohren und durch schlecht passende oder ungenügend zusammengeschraubte Gewindeverbindungen, aber immer nur oberhalb der zementierten Verrohrungsstrecke.

Ist die Teufe des Leckes vermittels der Hilfsmittel, wie sie unter „Kontrollen der Sperren" angegeben sind, festgestellt und ergibt sich unter Berücksichtigung des Verrohrungprofils, daß es sich wahrscheinlich um eine undichte Gewindeverbindung handelt, so probiert man zunächst die Verrohrung noch fester zusammenzuschrauben, geht dies, so wird darauf zunächst nochmals eine Kontrolle der Sperre vorgenommen. Zeigt sich hierbei, daß die Sperre noch nicht dicht hält, so durchlocht man die Verrohrung dicht unterhalb des Leckes und zementiert die

Stelle durch Hinterpressen bzw. Einpressen von Zement in die Verrohrung in einer Höhe von ca. 3—5 m. Die Ausführung der Zementierung erfolgt in derselben Weise, wie schon unter „Reparaturarbeiten bei gebrochenen Verrohrungen" beschrieben wurde.

D. Die Ausführung der Reparaturen in Eruptionsbohrlöchern.

Handelt es sich um die Beseitigung kleinerer Lecke (durch Salzwasser entstandene Löcher) oberhalb der zementierten Rohrstrecke, so können die Reparaturen unter Zuhilfenahme des auf Abb. 45 dargestellten Kolbens ausgeführt werden. Der Kolben wird dabei, wie unter „Kontrollen der Sperren" beschrieben, bis in den Schuh der Sperrverrohrung heruntergedrückt, worauf vermittels eines Blechgefäßes nach Abb. 43 oder mit der Vorrichtung nach Abb. 44 die Teufe der Undichtheit bestimmt und hierauf die Reparatur mit Zementhinterpressung resp. Einpressung ausgeführt wird. Die Leckstelle wird vor der Zementierung tüchtig mit klarem und heißem Wasser ausgespült, damit die Verrohrung und das Gebirge von anhaftendem Salz und Öl befreit werden.

Bei größeren Rohrbrüchen oberhalb der zementierten Strecke und auch bei Zerstörung der Zementierung selbst wird man bestrebt sein, zunächst den Zufluß von Öl und Gas nach dem Bohrloch möglichst im Ölhorizont direkt abzudämmen, da im ersten Falle das Herunterbringen eines dichtschließenden Kolbens durch eine größere Bruchstelle untunlich ist und im zweiten Falle das Bohrloch bis zur Sohle wegen der auszuführenden Reparaturarbeiten frei sein muß.

Durch Einbringen von Dickspülung in das Bohrloch läßt sich der Gaszudrang und Ölzufluß zurückhalten. Dabei soll gleich gesagt werden, daß eine Gefahr für den Ölhorizont dadurch nicht eintritt, da die Dickspülung kaum nennenswert in die Poren des Ölgebirges eindringt und nach Entfernung dieser aus dem Bohrloch das Öl sofort wieder zum Bohrloch dringt.

Abb. 51 zeigt die Ausrüstung des Bohrlochkopfes beim Einbringen von Dickspülung in Eruptionsbohrlöcher. In den Vereinigten Staaten von Nordamerika wird diese Einrichtung bei Trockenbohrungen sehr oft zum Verschließen von Gashorizonten angewandt und heißt dort „Lubricator".

Auf dem Hauptschieber 1, der mit der Verankerung 2 im Beton befestigt ist, befindet sich das T-Stück 3. Auf diesem werden mit dem Übersetzungsstück 4 ca. 10—15 m 10" Rohre 5 aufgeschraubt, die oben mit einer Rohrpulle 6 verschlossen sind. An diese Rohrpulle wird die

7*

zweizöllige Rohrleitung 7 angeschlossen und in der Weise, wie aus der Abbildung ersichtlich, nach unten geführt. Das untere Ende dieser Rohrleitung wird mit einem Ventil oder Schieber 8 verschlossen. Zur Sicherung dieser Leitung wird sie mit der Schelle 9 an den 10″ Rohren befestigt. Am T-Stück 3 befinden sich noch das Rückschlagventil 10 und der Probierhahn 11.

Die Arbeitsweise ist wie folgt. Der Hauptschieber 1 ist geschlossen, der Abblaseschieber 8 wird geöffnet, worauf mit der Pumpe durch das Rückschlagventil 10 Dickspülung so lange in die Rohre 5 eingepumpt wird, bis sie bei 8 ausläuft. Nun wird die Pumpe abgestellt, Schieber 8 geschlossen und der Hauptschieber 1 geöffnet. Die Dickspülung fällt nun durch die Öl- und Gassäule nach unten ab, wobei Gas und Öl den Platz der Dickspülung in den Rohren 5 einnehmen. Durch Öffnen von Hahn 11 kann das Ablaufen der Dickspülung kontrolliert werden. Tritt nur noch reines Öl und Gas aus dem Hahn, so sind die Rohre 5 von der Dickspülung entleert worden, worauf der Hauptschieber 1 geschlossen und Schieber 8 geöffnet, von neuem Dickspülung in die Rohre 5 gepumpt und in das Bohrloch geleitet

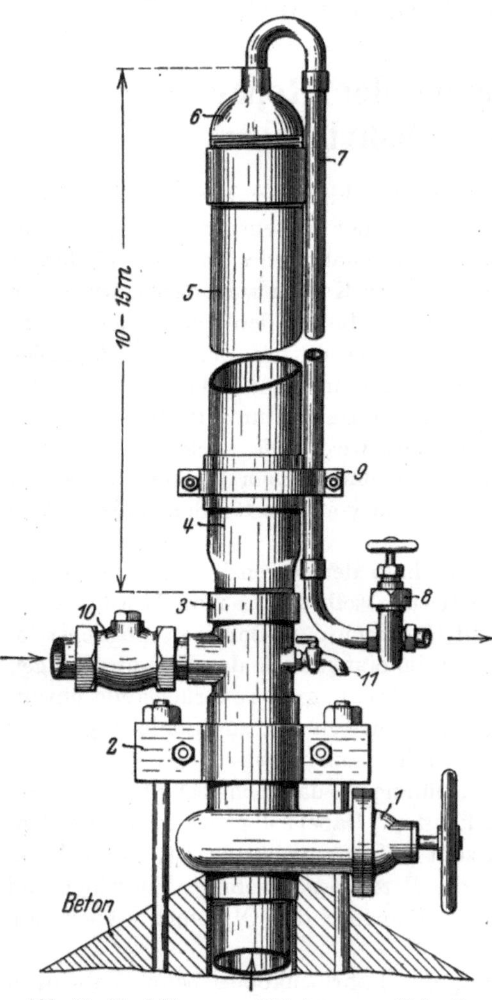

Abb. 51. Einrichtung zum Einbringen von Dickspülung in Eruptionsbohrlöcher.

wird. Dies wird so lange fortgesetzt, bis das Bohrloch mit Dickspülung angefüllt ist bzw. bis kein Öl oder Gas mehr austreten.

Ist die Bewegung im Bohrloch zum Stillstand gebracht worden, so kann mit den Reparaturarbeiten begonnen werden. Dabei werden Rohrbrüche auf dieselbe Weise behoben, wie unter: „Die Reparaturen bei gebrochenen Sperrverrohrungen" beschrieben wurde. Handelt es sich dagegen um zerstörte Zementierungen, so dürfte meistens die beste Instandsetzung durch Einbauen der nächstfolgenden Verrohrung und Zementierung dieser unterhalb des Schuhes der vorhergehenden Rohrtour zu ermöglichen sein. Die Ausführung solcher Arbeiten geschieht so, daß nach Freilegung evtl. zusammengeschlagener Rohrstrecken zunächst unterhalb des Schuhes der defekten Sperrverrohrung mit einem Nachbohrer das Bohrloch etwas erweitert wird, um das vom Öl durchtränkte Gebirge zu entfernen. Hierauf wird langsam bindender hydraulischer Kalk in den untersten 10—15 m gegen die Dickspülung eingewechselt, die nächstfolgende Rohrtour eingebaut und in bekannter Weise vermittels eines Zementierkolbens mit Zement hinterpreßt.

Nach Erhärtung des Zementes wird der Kolben ausgebohrt und die Sperre dadurch kontrolliert, daß man Wasserdruck hinter die Rohre gibt; kommt dabei keine Flüssigkeit innerhalb der Verrohrung zum Überlaufen, so ist die Reparatur der Sperre gelungen.

Nun wird die Dickspülung langsam aus dem Bohrloch so tief entfernt, bis der Flüssigkeitsspiegel zu steigen beginnt, was als Zeichen gilt, daß der Gasdruck im Ölhorizont den Flüssigkeitsdruck der Dickspülung überwunden hat und das Öl wieder zum Bohrloch strömt. Man läßt hierauf die noch im Bohrloch anstehende Dickspülung vom Gas herausfördern, bis reines Öl kommt, und schließt das Bohrloch dann wieder an das Ölreservoir an.

Die beschriebenen Reparaturausführungen haben selbstverständlich keinen Anspruch auf eine erschöpfende Vollständigkeit, da es in der Praxis meistens so ist, daß fast jeder Defekt an einer Sperre etwas Besonderes aufweist und dementsprechend auch die Behebung dieses nicht immer die gleiche sein kann. Dagegen wird das Gesagte, da es ziemlich allgemein gehalten ist, jederzeit gute Winke und Anhaltspunkte abgeben, womit dem Praktiker auch schon gedient sein dürfte.

Fünfter Abschnitt.

Komplette fahrbare Zementiereinrichtungen.

Die öfters vorkommenden Schwierigkeiten bei den Sperrarbeiten und manchmal auch das Mißlingen dieser, hauptsächlich bei Verwendung ungeeigneten Materials und ungeübten Personals, sowie endlich die Menge der auf größeren Ölfeldern nötig werdenden Sperren, hat dazu geführt, daß man diesen Arbeiten besondere Aufmerksamkeit zuwendet. Dabei ist die Ausführung der Sperrarbeiten mit der Zeit zu einer Spezialabteilung im Bohrfach geworden, die zwar noch von Bohrunternehmern oder Grubenbesitzern, die selbst bohren, mitbearbeitet wird, aber doch schon Anlaß zur Gründung von Unternehmen gegeben hat, die sich ausschließlich mit Sperrarbeiten befassen.

Besonders gut entwickeln sich solche Unternehmungen dort, wo in der Hauptsache trocken gebohrt wird, da auf Trockenbohrbetrieben meistens zur Ausführung schwieriger Sperrarbeiten die entsprechenden Pumpen und Hohlgestänge fehlen. Aber auch auf Ölfeldern, wo vorwiegend mit Spülbohrung gearbeitet wird, dürften Wassersperrunternehmungen lohnende Beschäftigung finden, da diese mit ihren Kenntnissen, Spezialeinrichtungen und geschultem Personal in der Lage sind, bessere Arbeit als die Bohrmannschaften zu leisten.

Solche Unternehmungen verwenden wegen des dauernden Arbeitsplatzwechsels fahrbare Zementiereinrichtungen.

Abb. 52 zeigt eine fahrbare Zementiereinrichtung von William F. Scott of Taft, California U. S. Die Einrichtung ist mit Ausnahme des kleinen Saugreservoirs ganz auf einem kräftigen Wagen aufgebaut. Sie besteht aus dem zylinderförmigen, horizontal gelagerten Zementmischer 1, der aus einem ca. 2—2,5 m langen Rohr von 300 mm lichten Durchmesser hergestellt ist. Dieses Rohr ist an beiden Enden mit Flanschen verschlossen. Die Flanschen dienen zur Lagerung der Flügelwelle 2, die direkt mit der Kurbelwelle der Dampfmaschine 6 gekuppelt ist. Auf dem Mischer ist der Fülltrichter 3 aufgeschraubt, der mit Stiftenwelle 4 und den fein- und grobmaschigen Sieben 5 und 5a versehen ist. Der Antrieb der Welle 4 erfolgt durch das auf der Kurbelwelle aufgekeilte Kettenrad 7 und Kettenübertragung auf Kettenrad 8. Das Sieb 5a (Drahtgeflecht mit ca. 30 × 30 mm Öffnungen) soll das Eindringen von Packpapier und anderen groben Verunreinigungen usw. in den Trichter verhindern, wobei diese ohne Gefahr von der Bedienung von dem Sieb entfernt werden können. Die Stiftenwelle soll zusammenbackende Zementklumpen zerkleinern, damit der Zement das feinmaschige Sieb 5 (ca. 5 × 5 mm Öffnungen) leicht passiert und beim Einfallen in den Mischer sofort vollständig vom Wasser durchtränkt werden kann. Sieb 5 verhindert das Eindringen kleinerer Verunreinigungen in den Mischer. Der Lagerflansch am Trichterende ist außer der Öffnung für die Flügelwelle noch mit zwei Löchern für die Rohre 25 und 26 versehen. Der entgegengesetzte Flansch hat unten eine verstellbare Schlitzöffnung zum Auslaufen des angerührten Zementbreies. Unterhalb dieses Flansches ist die Rinne 9 angebracht, unter der sich ein kleines Saugreservoir 10 befindet, in welches das Saugrohr 11 der Druckpumpe 12 mündet. Das Saugrohr ist durch Rohr 13, Hahn 14, Rohr 15 und Hahn 16 mit dem Wasservorratsreservoir 17 verbunden, außerdem noch durch Rohr 18, Hahn 19 und Rohr 20 an die Grubenwasserleitung 21 angeschlossen. Durch Vermittlung von Hahn 22, 22a und Rohr 23 ist auch das Reservoir 17 mit der Grubenleitung 21 verbunden.

Vermittels Hahn 24 und Rohr 25 einerseits und Rohr 26 mit Hahn 27 andererseits ist der Mischer 1 mit der Hauptleitung 21 und dem Vorratsreservoir 17 verbunden, was in bezug auf die Sicherheit der Wasserzuführung zum Mischer unbedingt nötig·ist. Die Verbindung der Druckpumpe 12 mit dem Bohrloch geschieht durch den Hahn 28 und den Panzerschlauch 29.

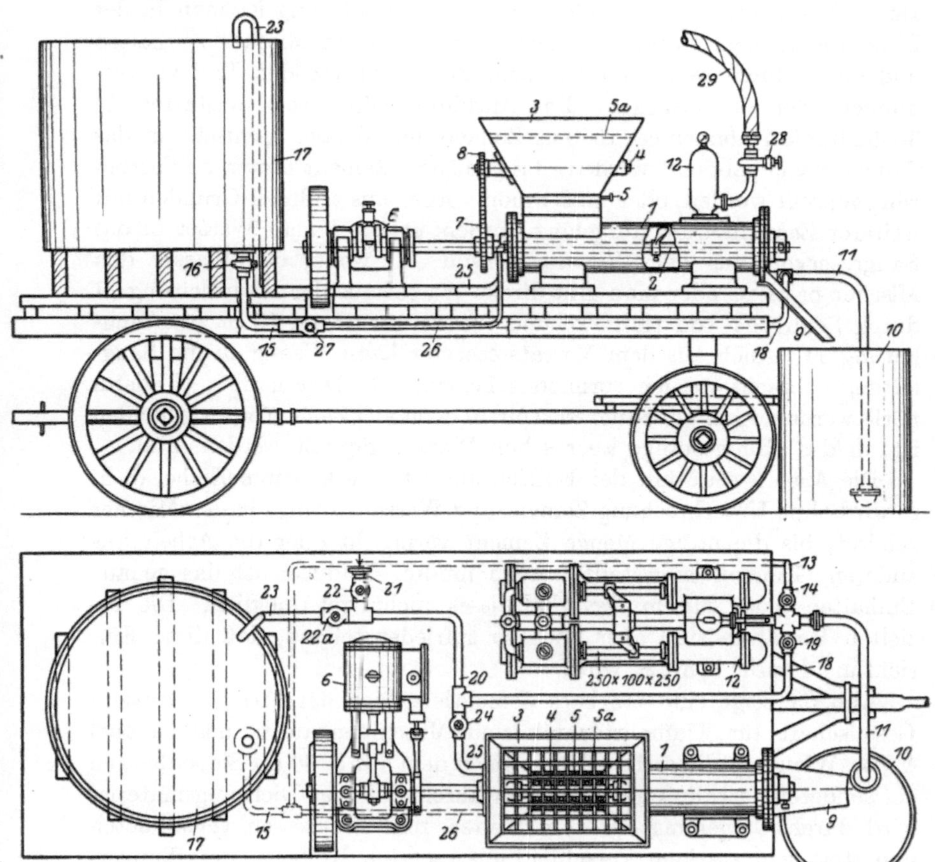

Abb. 52. Fahrbare Zementiereinrichtung nach Scott.

Zwecks Benutzung der Einrichtung wird diese möglichst dicht an das zu zementierende Bohrloch herangebracht, die Dampf- und Wasseranschlüsse mit den entsprechenden Grubenleitungen hergestellt, die Reservoire 17 und 10 mit Wasser angefüllt, Schlauch 29 mit dem Hohlgestänge resp. Verrohrung verbunden und zunächst die zu zementierende Verrohrung freigespült. Ist dies gelungen, so wird sofort Zement in den Mischer gebracht und der angerührte Brei ohne Abstellung der Pumpe hinter die Verrohrung gepreßt. Bei der Zementanrührung wird Wasser aus der Hauptleitung oder aus dem Reservoir 17 in den Mischer geleitet, die Dampfmaschine in Bewegung gesetzt und Zement in den Trichter gebracht. Der. Zement wird dabei im Mischer durch die Flügelwelle 2 mit dem Wasser gründlich vermengt und läuft dann durch den Schlitz im hinteren Flansch in das Saugreservoir 10 ab. Durch Vergrößern oder Verkleinern der Schlitzöffnung ist man in der Lage, die Zementmischung kürzer oder länger im Mischer zu halten und dabei durch weniger oder mehr Zementzugabe den Brei zu verdünnen oder zu verdicken. Das Anrühren geht rasch vonstatten, in 3—5 Minuten können ca. 1000 kg Zement mit Wasser gemischt in das Saugreservoir gebracht werden. Ist genügend Zement hinter die Verrohrung gepreßt worden, oder muß schon vorher aus anderen Gründen mit weiterer Zementzufuhr aufgehört werden, so leitet man Wasser in das Saugreservoir aus dem Vorratsreservoir 17, wobei das Wasser den Mischer passiert, oder man gibt direkt Wasser aus der Hauptleitung 21 durch Schließen von Hahn 24 und Öffnen von Hahn 19 in die Saugleitung 11. Auch aus dem Vorratsreservoir kann Wasser in die Saugleitung gebracht werden vermittels Leitung 13. Dies kann z. B. dann nötig werden, wenn im Saugreservoir 10 noch viel Zementbrei vorhanden ist, in das Hohlgestänge aber schon Wasser gepreßt werden muß.

Die Arbeitsweise mit der Einrichtung ist eine kontinuierliche, d. h. es wird ohne Unterbrechung Zement und Wasser so lange in den Mischer geleitet, bis die nötige Menge Zement vermischt oder die Arbeit aus anderen Gründen eingestellt werden mußte. Dadurch ist das genaue Einhalten eines Mischungsverhältnisses nicht gut möglich. Die erzielten Resultate sind aber doch so zufriedenstellend, daß diese Einrichtung häufig benutzt wird.

Abb. 53 zeigt eine fahrbare Zementieranlage der Firma: „Aktien-Gesellschaft für Tiefbohrtechnik und Maschinenbau vormals Trauzl & Co., Wien". — Dieselbe arbeitet nach dem auf S. 66 (in Siebenbürgen verwendeten) erwähnten, Preßluftverfahren, d. h. das Dichtungsmaterial wird durch Umgehung der zum Hinter- und Einpressen verwendeten und stets sehr starkem Verschleiß ausgesetzten Kolben- oder Plunger-Pumpen vermittels Preßluft hinter die Verrohrung hochgedrückt oder in die wasserführenden Klüfte und Spalten des Gebirges eingepreßt.

Die Einrichtung ist auf drei Wagen montiert, und zwar befindet sich auf Wagen *A* der Antriebsmotor nebst Luftkompressor, auf Wagen *B* die Mischvorrichtung und auf Wagen *C* zwei Kessel zur Aufnahme des fertigen Dichtungsmateriales — Tonbrei, Zementmilch oder Zementschlamm.

Zwecks Inbetriebnahme der Einrichtung werden die Wagen so hintereinander aufgestellt, wie dies aus der Abbildung ersichtlich ist.

Der auf Wagen *A* montierte Benzin- und Erdgasmotor 1 hat eine Normalleistung von 15 PS, die bis auf 18 PS Dauerleistung gesteigert werden kann. Mit Rücksicht darauf, daß der Motor evtl. in der Nähe gasproduzierender Bohrlöcher aufgestellt werden muß, ist er mit einem gasdicht verkapselten elektromagnetischen Zündapparat versehen und die Luftansauge- wie auch die Auspuffleitung des Motors mit einer feinmaschigen Messinggewebe-Einlage ausgerüstet.

Der Luftkompressor 2 wird durch ein Stirnräderpaar angetrieben, von welchen das auf der Motorwelle sitzende Rad mit einer Federband-Friktionskupplung ausgerüstet ist und während des Betriebes mittels Handhebeln von beiden Seiten der Maschine in und außer Betrieb gesetzt werden kann.

Am Motorgestell ist eine für Motor und Kompressor gemeinsame Zirkulations-Kühlwasserpumpe angeordnet, welche je nach den örtlichen Wasserverhältnissen mit Frischwasser arbeiten kann, oder aber das aus den Maschinen in eine gemeinsame, am Oberteil des Wagengestelles angebrachte schmiedeeiserne Rippenrohrleitung fließende Wasser in diese zurückpumpt.

Der Kompressor ist zweistufig und kann minutlich 1 m³ Luft ansaugen, welche er dem jeweiligen Widerstande im Bohrloche entsprechend bis auf 30 at zu komprimieren vermag.

Die Preßluft wird vom Kompressor kommend durch zwei Gummischläuche 3 abwechselnd in einen der beiden zylindrischen, vertikal angeordneten Kessel I und II geleitet, die sich auf Wagen *C* befinden. Die Preßluft drückt nun aus diesen das durch den Kompressor vermittels Schlauch 4 aus der Mischvorrichtung angesaugte Dichtungsmaterial durch einen entsprechend starken Schlauch 5 ins Bohrloch. Die beiden Kessel sind aus Schmiedeeisen für einen Innendruck von 30 at hergestellt und unten trichterförmig zugespitzt, um ein leichteres Ableiten des Dichtungsmateriales zu ermöglichen. Sie sind mit Mannlöchern zum Reinigen versehen, haben

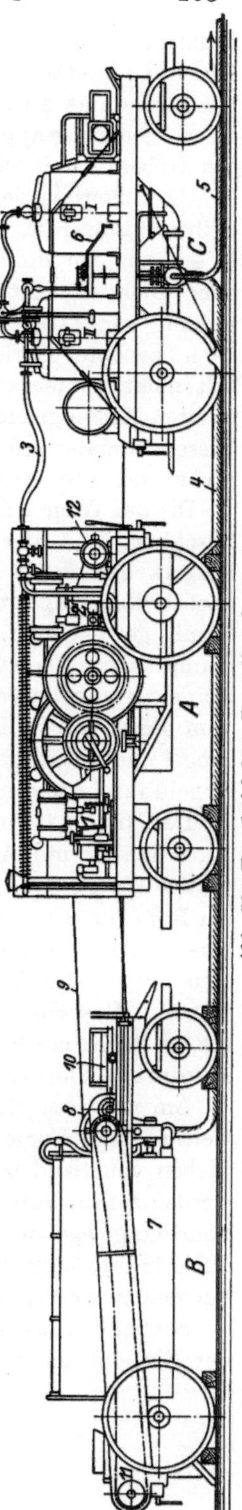

Abb. 53. Trauzls fahrbare Zementieranlage.

Inhaltsanzeiger und Manometer zur Beobachtung des jeweiligen Druckes. — Das Ansaugen des Dichtungsmateriales in den einen Kessel und das Auspressen dieses aus dem anderen Kessel wird durch einen Steuerungsapparat reguliert, wobei jedesmal nur das Verdrehen des Hebels 6 um 90° nötig .ist.

Die Zuleitung der Preßluft in die Kessel erfolgt durch ein Spezial-Selbstschlußventil, und zwar tritt die Luft erst am unteren Ende der Kessel aus den Rohren und sprudelt durch das in den Kesseln befindliche Dichtungsmaterial hindurch, wobei dieses in eine wallende Bewegung versetzt und daran verhindert wird, sich abzusetzen. Damit nach beendeter Entleerung eines Kessels die in diesem befindliche Preßluft nicht unnütz entweicht, wird die überschüssige Preßluft in den zweiten Kessel geleitet und durch Hinzupressen frischer Luft vermehrt. Dieser Vorgang erfolgt ebenfalls automatisch durch das einfache Verdrehen des obenerwähnten Hebels 6.

Die auf Wagen B untergebrachte Mischvorrichtung besteht aus dem Mischbottich 7, der einen Fassungsraum von 4000 l hat, und zweier Flügelwellen, deren Lager als Stopfbüchsen ausgebildet und von außen nachstellbar angeordnet sind. Die Flügelwellen sind mit schraubenförmig gewundenen Flügeln besetzt, die abwechselnd zur Achse einen stumpfen oder spitzen Winkel bilden. Die Wellen werden durch ein Vorgelege angetrieben, das vermittels Riemenscheibe 8 und Riemen 9 vom Motor aus in Bewegung gesetzt wird. Durch die Anordnung der Flügel und die entgegengesetzte Drehrichtung der Wellen wird eine ungemein rasche und intensive Mischung des Dichtungsmateriales erreicht.

Der Mischbottich ist geeicht und besitzt in entsprechenden Abständen Probierhähne mit Angaben darüber, welcher Flüssigkeitsmenge der jeweilige Wasserstand entspricht. Am vorderen Ende des Wagens mündet ein Rohr mit Krümmer in den Behälter, welcher mit Schlauchanschluß versehen ist, um vermittels einer Handpumpe bzw. durch Anschluß an eine bestehende Wasserleitung den Behälter mit Wasser füllen zu können. Das Hineinschütten des Dichtungsmateriales in den Behälter erfolgt durch einen Arbeiter, der auf der seitlich des Fahrgestelles angeordneten Plattform steht.

Am vorderen Ende des Wagens B befindet sich ein Rüttelsieb 10, welches vom Vorgelege der Mischvorrichtung betätigt wird und zum Sieben von Sand benutzt werden kann, falls Zementmörtel verwendet werden sollte. Am rückwärtigen Ende dieses Wagens befindet sich ein vom Vorgelege mittels einer galischen Kette angetriebenes Tonwalzwerk 11 zur Zerkleinerung von Lehm oder Ton, falls diese Materialien verwendet werden sollten.

Schließlich sei noch erwähnt, daß, für eventuelle Nachtarbeit mit der Einrichtung, eine aus sechs Lampen bestehende komplette elektrische Beleuchtungsinstallation vorgesehen ist. Der Strom für die Beleuchtung wird durch eine auf Wagen *A* montierte und vom Motor betriebene Gleichstromdynamo 12 erzeugt.

Die Wagen sind möglichst leicht, jedoch stark konstruiert, erhalten hohe und breite Räder, wobei die Vorderräder vollständig verdrehbar sind, so daß trotz der relativ bedeutenden Länge der einzelnen Wagen diese auch auf schlechten und schmalen Straßen gut transportiert werden können.

Das zum Durchführen der Arbeit erforderliche Personal besteht aus einem Zementiermeister und 2—3 Hilfsarbeitern, welche das Zupumpen des Wassers und Einschütten des Dichtungsmateriales in den Mischbottich besorgen.

Die Arbeitsweise ist im Gegensatz zu der vorher beschriebenen mit der Scottschen Einrichtung eine absatzweise, d. h. es wird nach Anmischung von ca. 4 m³ Dichtungsmaterial dieses zunächst ins Bohrloch gepreßt, ehe weitere Anmischung erfolgen kann. Ein Stillstand in der Arbeit bei evtl. größeren Zementierungsarbeiten dürfte aber nicht einzutreten brauchen, da nach Einpressen von 3 m³ Dichtungsmaterial ins Bohrloch noch 1 m³ desselben im Kessel vorhanden ist und während der Entleerung dieses der Mischbottich von neuem gefüllt werden kann. Wenn weiter berücksichtigt wird, daß zum Einpressen des vierten Kubikmeters Dichtungsmaterial bei ca. 20 at Gegendruck ~ 20 min benötigt werden, so kann während dieser Zeit die Anmischung von weiteren 4 m³ Dichtungsmaterial mit Leichtigkeit vor sich gehen.

Der Zement. Herstellung, Eigenschaften und Verwendung. Von Dr. **Richard Grün,** Direktor am Forschungsinstitut der Hüttenzementindustrie in Düsseldorf. Mit 90 Textabbildungen und 35 Tabellen. IX, 173 Seiten. 1927. Gebunden RM 15.—

Der Beton. Herstellung, Gefüge und Widerstandsfähigkeit gegen physikalische und chemische Einwirkungen. Von Dr. **Richard Grün,** Direktor am Forschungsinstitut für Hüttenzementindustrie in Düsseldorf. Mit 54 Textabbildungen und 35 Tabellen. X, 186 Seiten. 1926. RM 13.20; gebunden RM 15.—

Der Aufbau des Mörtels und des Betons. Untersuchungen über die zweckmäßige Zusammensetzung des Betons und des Zementmörtels im Beton. Hilfsmittel zur Vorausbestimmung der Festigkeitseigenschaften des Betons auf der Baustelle. Versuchsergebnisse und Erfahrungen aus der Materialprüfungsanstalt an der Technischen Hochschule Stuttgart. Von **Otto Graf.** Z w e i t e , neubearbeitete Auflage. Mit 60 Textabbildungen. VII, 76 Seiten. 1927. RM 7.20

Die rationelle Bewirtschaftung des Betons. Erfahrungen mit Gußbeton beim Bau der Nordkaje des Hafens II in Bremen. Von Baurat Dr.-Ing. **Arnold Agatz,** Bremen. Mit 60 Abbildungen. (Erweiterter Sonderabdruck aus „Der Bauingenieur" 1926, Heft 34, 36 u. 37.) IV, 124 Seiten. 1927. RM 7.50

Wasserdurchlässigkeit von Beton in Abhängigkeit von seinem Aufbau und vom Druckgefälle. Von Dr.-Ing. **Gustav Merkle.** Mit 33 Textabbildungen. IV, 66 Seiten. 1927. RM 5.10

Von der Bewegung des Wassers und den dabei auftretenden Kräften. Grundlagen zu einer praktischen Hydrodynamik für Bauingenieure. Nach Arbeiten von Staatsrat Dr.-Ing. e. h. **Alexander Koch,** s. Zt. Professor an der Technischen Hochschule zu Darmstadt, herausgegeben von Dr.-Ing. e. h. **Max Carstanjen.** Nebst einer Auswahl von Versuchen Kochs im Wasserbau-Laboratorium der Darmstädter Technischen Hochschule zusammengestellt unter Mitwirkung von Studienrat Dipl.-Ing. L. H a i n z. Mit 331 Abbildungen im Text und auf 2 Tafeln sowie einem Bildnis. XII, 228 Seiten. 1926. Gebunden RM 28.50

Technische Hydrodynamik. Von Prof. Dr. **Franz Prášil,** Zürich. Z w e i t e , umgearbeitete und vermehrte Auflage. Mit 109 Abbildungen im Text. IX, 303 Seiten. 1926. Gebunden RM 24.—

Handbuch der Hydrologie. Wesen, Nachweis, Untersuchung und Gewinnung unterirdischer Wasser: Quellen, Grundwasser, unterirdische Wasserläufe, Grundwasserfassungen. Von Zivilingenieur **E. Prinz,** Berlin. Zweite, ergänzte Auflage. Mit 334 Textabbildungen. XIII, 422 Seiten. 1923. Gebunden RM 18.—